大学生
心理素质与训练

主　编　宋志英
副主编　严云堂　张世忠

中国科学技术大学出版社

内 容 简 介

本书以促进青年大学生成长、成人、成才、成功为目标，紧密结合大学生活实际，从大学生心灵成长的问题出发，对心理保健、积极心态、自我认知、情绪管理、耐挫力、学习能力、时间管理、人际沟通、性爱心理、择业心理等方面进行了深入浅出的探讨，提供了操作性强的自我提升方法。

本书可作为高校心理健康教育公共课教材使用，也可供高校学生管理工作者及广大青年朋友阅读。

图书在版编目(CIP)数据

大学生心理素质与训练/宋志英主编. —合肥：中国科学技术大学出版社，2012.1(2013.2重印)

ISBN 978-7-312-02974-5

Ⅰ. 大…　Ⅱ. 宋…　Ⅲ. 大学生—心理素质—素质教育　Ⅳ. B844.2

中国版本图书馆 CIP 数据核字（2011）第 261122 号

出版　中国科学技术大学出版社
安徽省合肥市金寨路 96 号，邮编：230026
网址：http://press.ustc.edu.cn

印刷　中国科学技术大学印刷厂

发行　中国科学技术大学出版社

经销　全国新华书店

开本　710 mm×960 mm　1/16

印张　12.25

字数　240 千

版次　2012 年 1 月第 1 版

印次　2013 年 2 月第 2 次印刷

定价　20.00 元

前　言

美国著名心理学家特尔曼对800名男性进行了30年的追踪研究，研究表明，成就最大的20%与成就最小的20%之间，最明显的差别不在智力水平，而在于是否具有良好的心理素质。良好的心理素质是大学生综合素质发展的基石，是大学生顺利度过大学生活的前提，更是大学生发展的重要保证。心理素质的训练与养成、心理健康水平的提升是当代大学生的一门必修课。

本书以促进青年大学生成长、成人、成才、成功为目标，紧密结合大学生活实际，从大学生心灵成长的问题出发，对心理保健、积极心态、自我认知、情绪管理、耐挫力、学习能力、时间管理、人际沟通、性爱心理、择业心理等方面进行了深入浅出的探讨，提供了操作性强的自我提升方法，让学生学会运用这些方法完善自我，充分发挥心理潜能。

与同类教材相比，本书编写的重要原则是尊重学生，贴近学生，满足学生心理发展的需要；凸显实用性和可操作性，重视理论与实践相结合，避免过分学术化。每章均配有心理训练项目和心理自测量表，供学生进行训练和自我了解。

本书可作为高校心理健康教育公共课教材使用，也可供高校学生管理工作者及广大青年朋友阅读。

本书由宋志英总体设计，如目录、内容安排，训练方案及心理自测内容的审编等。严云堂、张世忠编写了本书部分章节。各章节的具体分工如下：严云堂编写第六、八章，张世忠编写第十、十一章，其余章节由宋志英编写。

宋志英

2011年7月

目　录

前　言 ……………………………………………………………… (i)

第一章　优良心理素质的奥秘——心理训练的基本原理与方法 ……… (1)
　一、生理心理学的原理与方法 ……………………………………… (2)
　二、学习心理学的原理与方法 ……………………………………… (3)
　三、认知心理学的原理与方法 ……………………………………… (9)
　四、个性心理学的原理与方法 ……………………………………… (11)
　教学互动 …………………………………………………………… (14)
　心理测试 …………………………………………………………… (15)

第二章　一切财富始于健康的心理——心理保健训练 ………………… (16)
　一、科学的心理健康观 ……………………………………………… (16)
　二、心理健康的标准 ………………………………………………… (17)
　三、如何认识和对待心理健康 ……………………………………… (18)
　四、大学生心理健康的常见问题 …………………………………… (20)
　五、大学生自我心理调控能力的提升 ……………………………… (24)
　教学互动 …………………………………………………………… (29)
　心理测试 …………………………………………………………… (30)

第三章　心态决定命运——积极心态训练 ……………………………… (36)
　一、成功来自积极心态 ……………………………………………… (36)
　二、清除垃圾观念是建立积极心态的前提 ………………………… (39)
　三、警惕三种危险的心态 …………………………………………… (41)
　四、大学生常见的问题想法 ………………………………………… (43)
　五、成功者应有的信念 ……………………………………………… (45)
　教学互动 …………………………………………………………… (52)
　心理测试 …………………………………………………………… (53)

第四章 挑战自我——自我认知训练 …… (55)
一、自我意识及其功能 …… (55)
二、健康的自我意识 …… (57)
三、大学生自我意识的矛盾与偏差 …… (58)
四、自我意识的完善 …… (62)
教学互动 …… (67)
心理测试 …… (68)

第五章 为心灵美容——情绪管理训练 …… (71)
一、正常情绪及其功能 …… (72)
二、不良情绪的危害 …… (73)
三、大学生常见的情绪困扰 …… (74)
四、不良情绪的调控 …… (79)
五、情绪调节密典 …… (84)
教学互动 …… (87)
心理测试 …… (88)

第六章 直面挫折——耐挫力训练 …… (92)
一、挫折及其产生条件 …… (92)
二、挫折承受力及其影响因素 …… (93)
三、大学生的常见挫折及其情绪反应 …… (95)
四、提升挫折承受力,应对挫折 …… (98)
教学互动 …… (100)
心理测试 …… (101)

第七章 知识就是力量——学习能力训练 …… (104)
一、学习及其基本规律 …… (105)
二、大学生学习方面的一般问题 …… (111)
三、有效学习的方法与策略 …… (116)
教学互动 …… (125)
心理测试 …… (126)

第八章 握住命运之钟——时间管理训练 …… (129)
一、时间管理的基本概念 …… (129)

二、大学生在时间管理上存在的问题 …………………………………… (130)
三、大学生时间管理的艺术 ………………………………………………… (131)
教学互动 ………………………………………………………………… (135)
心理测试 ………………………………………………………………… (136)

第九章　让我们同行——人际沟通训练 ……………………………… (140)
一、人际交往的功能 …………………………………………………… (140)
二、影响人际吸引的因素 ……………………………………………… (141)
三、大学生人际交往的心理困惑及其调适 …………………………… (142)
四、大学生良好人际交往心理的养成 ………………………………… (147)
教学互动 ………………………………………………………………… (151)
心理测试 ………………………………………………………………… (152)

第十章　人类的潜能源——性爱心理训练 …………………………… (157)
一、大学生的性生理与性心理 ………………………………………… (158)
二、大学生的恋爱心理 ………………………………………………… (163)
三、大学生爱的能力的培养 …………………………………………… (168)
教学互动 ………………………………………………………………… (171)
心理测试 ………………………………………………………………… (172)

第十一章　走向职场——择业心理训练 ……………………………… (175)
一、大学生择业前应有的心理准备 …………………………………… (175)
二、大学生择业中常见的心理矛盾及问题 …………………………… (178)
三、大学生择业心理问题的自我调适 ………………………………… (180)
教学互动 ………………………………………………………………… (182)
心理测试 ………………………………………………………………… (184)

参考文献 ……………………………………………………………… (186)

第一章　优良心理素质的奥秘

——心理训练的基本原理与方法

在《飞向成功》一书中，有一个很经典的故事。小兔子被送进了动物学校，它最喜欢跑步课，并且总是得第一；最不喜欢的则是游泳课，一上游泳课它就非常痛苦。但是兔爸爸和兔妈妈要求小兔子什么都学，不允许它有所放弃。小兔子只好每天垂头丧气地到学校上学，老师问它是不是在为游泳太差而烦恼，小兔子点点头，渴望得到老师的帮助。老师说，其实这个问题很好解决，你的跑步是强项但是游泳是弱项，这样好了，你以后不用上跑步课了，可以专心练习游泳……

中国有句古话：只要功夫深，铁杵磨成针。讲的是只要坚持不懈，就一定能够成功。但是看了上面这个寓言的人可能都会意识到，小兔子根本不是学游泳的料，即使再刻苦它也不会成为游泳能手；相反，如果训练得法，它也许会成为跑步冠军。

成功学家 A·罗宾曾经在《唤醒心中的巨人》一书中非常诚恳地说过："每个人身上都蕴藏着一份特殊的才能。那份才能犹如一位熟睡的巨人，等待着我们去唤醒他……上天不会亏待任何一个人，他给我们每个人以无穷的机会去充分发挥所长……我们每个人身上都藏着可以'立即'支取的能力，借这个能力我们完全可以改变自己的人生，只要下决心改变，那么，长久以来的美梦便可以实现。"

正确的行为总是来自于正确的观念。当你试图调整自己的心理与行为，以期更好地适应环境、达到更佳的身心状态时，如果从一开始便想找到一个窍门、一种解决办法，往往会欲速则不达。因为，当一个人在头脑中缺乏必要的知识背景的前提下去选择行动方法时，他就缺乏清晰、正确的观念作为判断的依据，很可能盲目地进行选择，导致所选择的方法与想要解决的问题互相不配合，达不到目的。另一方面，如果自己头脑中太缺乏对有关科学原理、原则和方法的了解，那么即使找到了正确的方法，也会因为理解不透，不能转化成自身的观念、需要和习惯而达不到应有的效果，甚至可能勉强维持一段时间之后又故态复萌。

因此，任何一个想从心理训练当中真正获益的人，都应该首先对心理训练的科学原理和方法有所了解，在自己的头脑中初步树立有关心理与行为改变的科学理念，在对自己的心理现状和有关的心理训练方法都有了充分、确切的认识之后，再投入到行动中去。只有这样，才能事半功倍，保证有持久的成效。

心理训练的基本原理主要包括生理心理学、学习心理学、认知心理学及个性心理学的一些基本原理。下面将心理学各个分支、各个理论派别从不同角度对心理训练提出的理论依据和训练方法作一个概括的介绍。

一、生理心理学的原理与方法

（一）生理心理学的基本观点

生理心理学是研究心理现象的生理和生物基础的科学。它的研究范围涉及感觉与知觉、睡眠与觉醒、学习与记忆、语言与思维、动机与情绪以及心理障碍等方面的生理机制。生理心理学的研究成果，不仅使人对于各种心理现象产生的内在生理机制有了深入的了解，并且也为人们改善某些心理功能、诊断和治疗各种心理障碍提供了理论依据和检测手段。

生理心理学的研究证明，人的全部心理活动都依赖于人的神经系统的生理活动，高级神经系统——人脑是心理产生的自然基础。神经系统产生心理的基本活动形式是反射，即外界刺激被人的感觉器官接收之后，产生一个神经冲动，神经冲动以生物电的形式沿感觉神经传导至大脑，经过中枢神经系统各部分的分工合作，对刺激信息进行识别、加工、贮存，最后发出指令，一个新的神经冲动带着指令沿运动神经向骨骼、肌肉、腺体等传递，再由它们把指令转变为具体的生理反应或行为反应，产生反应的同时感觉神经又将反应的有关信息反馈给大脑，使人对于自己的反应产生评价和体验。这就是一个反射的主要过程。

除了个别天生就具有的本能行为以外，人类的绝大部分行为都是通过神经系统的反射作用，一步步从简单到复杂，由低级到高级发展起来的。有人对这一过程作了简洁、生动的描述：一个刺激会导致一个反应，一个反应会导致一种行为，一种行为会导致一种习惯，一种习惯会导致一种个性，而一种个性会导致一种命运。由于人类的神经系统具有特别精妙的结构和特别复杂的功能，它能够贮存以往的经验，同时不断接纳新的经验，它又具有自我认识能力，因此使人具有学习能力、创造能力和自我意识，人的心理活动才能够如此丰富多彩、细致微妙而且能不断发展。即使最复杂、最精妙的心理现象，也有它最基础的生理过程。

可以说每一种心理活动都有伴随它产生的特殊的生理过程。简单的如眼睛发觉到一个光的刺激，会引起脑部视觉区个别神经细胞的活动；复杂的如辨别词汇的异同，也会在脑部引起某些神经细胞有组织的活动；情绪更是会引起心跳、血压、呼吸、脑电波、皮肤电阻以及内分泌造成的激素水平的复杂变化。现在，这些生理活动都可以通过一定的仪器进行测量和观察。人们借助现代的生物技术，可以直观地了解自己在不同的外界条件、机体活动状态和意识状态下各种内部的生理活动所具有的特点，这样就为人们认识生理活动与心理活动之间的关系，有意识地调节和控制自己的身心活动提供了一条有效的途径。

（二）心身调节方法

由于人的心理活动和生理活动是相互影响的，一定的心理活动会伴随相应的生理变化，而特殊的生理活动又会导致一定的心理反应的产生。因此，通过适当的技术或操作，可以控制人的心理活动，从而引起某种生理状态的产生，也可以控制人的生理活动从而引起某种心理状态的产生。

心理影响生理的方法如生物反馈技术。一般是利用仪器将人的脑电波、心电波、血压、呼吸频率等用直观的方式呈现给个人，让他辨认出处于良好状态的各种生理指标是怎样的，同时记住当时的心理状态。然后，让他主动地调动并维持这种特殊的心理状态，努力使仪器上所显示的脑电、心电、血压、呼吸等指标保持在最佳水平。经过反复练习，一个人可以掌握如何通过意识活动来调节自己的生理状态。例如，一种让人自己消除头痛的生物反馈技术是这样的：先把患者产生头痛时的异常的脑电波用仪器记录下来，然后把它转化成屏幕上的颜色的变化，当异常脑电波出现时，给患者呈现在屏幕上的绿色就减少、红色就增加，当异常脑电波减少时，屏幕上绿色就增加、红色就减少。患者所要做的就是注意屏幕上颜色的变化和自己的心理状态，努力使屏幕上的绿色增加，直到全部变成绿色为止。在这一过程中，患者学会了识别和控制自己特定的心理状态，从而引起相应的生理变化，最终达到消除头痛的目的。

生理影响心理的方法如祖国传统医学中通过针刺穴位、按摩肌体、内服外敷各种药物等手段，使人体经络畅通，实际上是使心血管、内分泌、神经系统等的活动恢复平衡，最终达到怡神醒脑、放松情绪、疏散郁闷、恢复精力等目的，也就是达到改善人的心理状态的目的。

二、学习心理学的原理与方法

（一）学习心理学的基本观点

人类的学习行为一直是心理学家研究的重要课题。因为正是通过各种形式的学习，人类才能获得知识、技能并形成适应环境的各种行为习惯；由于学习伴随着人的一生，人的心理才能不断地得到调整，向前发展，趋向完善。

现代心理学在科学实验的基础上建立了探究学习的本质和规律的心理学分支——学习心理学。学习心理学把学习看作一个过程，是由于观察或练习而使行为或行为潜能产生持久的改变的过程。也就是说，学习是一个经验积累的过程，这种经验可以是直接或间接的观察和体验，也可以是有目的、有计划的练习或训练，最终的结果表现为人的行为发生了较为持久的改变。这种改变有的表现于外,可以被别人观察到,如言谈、动作、文字、歌声、美术作品等等,让别人一听一看就知道学习的效果;但行为的改变有时并没有以外显的方式表现出来,而是隐含于内,其他人不容易观察到学习的效果,只有遇到适当的环境和条件,学会了的行为才会表现出来。以上外显的与潜在的行为改变历程都属于学习。

心理训练与心理治疗中的行为改变技术,其基本原理就来源于学习心理学的理论,主要的学习理论有:经典条件学习理论、操作条件学习理论和模仿学习理论。

1. 经典条件学习理论

俄国生理学家巴甫洛夫在他的实验室中以狗为研究对象,研究狗分泌唾液与进食信号之间的关系。他据此提出了条件学习原理。巴甫洛夫注意到,食物的出现会引起狗分泌唾液,这是狗天生就具有的一种本能反应,不需要学习,他把这种反应称之为无条件反射。而在另一种情况下,当给狗呈现食物的同时又给狗呈现一个声音信号,食物与声音信号多次结合呈现之后,再单独将声音信号呈现给狗,此时虽然没有食物存在,但狗听到信号之后仍然会分泌唾液。这种单独对信号做出反应的过程,巴甫洛夫称之为条件反射。进一步的实验证明,几乎任何的先天反应都可以与某种信号如声音、颜色、指令等建立起条件反射。但是,如果此后再也不呈现无条件刺激物(如食物),那么已形成的条件反射的强度会慢慢减弱,直至完全消失(如狗单独听到声音信号时不再分泌唾液了),这是条件反射消退的过程。

巴甫洛夫认为条件反射的建立与消退就是有机体行为的形成与改变的过程,因此是学习的过程。他的条件反射理论为解释动物和人的学习行为奠定了理论基础,因此被称为经典条件学习理论。

人类既有先天的本能行为(如吃、喝、躲避伤害、性行为等),也有后天获得的复杂行为(如求知、交际、创造等),按照经典条件学习理论的解释,人的本能行为是由无条件刺激物(如食物、水、身体伤害、性刺激等)引起的,而大量的、复杂的人类行为是在后天的生活历程中通过建立各种条件反射形成的,是由各种具有信号意义的条件刺激物(如荣誉、地位、金钱、信念、符号、言语、形体、声音等等)引起的。例如幼儿起初并不知道燃着火的炉子会烧伤他的身体,成人为了教会他躲避火炉,可以抓着孩子的手在火炉不太烫的部位轻触一下,同时告诉孩子:"烫!""危险!""小心!"幼儿感受到了手上的微痛,也记住了大人的话语,以后,只要大人对他说"烫"、"危险"、"小心"这一类字眼,他就明白了该躲避伤害他的物体。人类后天获得的一部分行为就是在条件反射的逐步建立和发展中由低级向高级、由简单向复杂发展起来的。

经典条件学习理论还可以用于解释人类一些异常行为是如何产生的。巴甫洛夫在实验中发现,如果训练狗学会在看见椭圆形时流唾液,而在看见圆形时不流唾液,然后将椭圆形逐渐变得接近圆形,当狗看到这种信号时就会发生辨认困难,表现出行为上的紊乱和情绪上的焦躁不安,如狂吠、哀鸣、咬坏仪器等。巴甫洛夫称这种反应为“实验性神经症”。用实验方法诱发的不同动物的“神经症”,表现出种种类似于人类异常状态的反应,如躲避、退缩、心跳加快、呼吸急促、情绪变化无常、容易发怒、烦躁不安、出现攻击行为等等。许多行为治疗家据此认为,人的某些不适应环境的异常行为也可以用这种学习理论来解释。

最早在人类身上做尝试的是美国行为主义心理学家华生。他以一个 11 个月的男孩小阿尔波特为实验对象,开始时男孩很喜欢同一只白鼠玩耍,用手抚摸它。后来每当男孩用手抚摸白鼠时,实验者就在他身后用铁棒突然击出一声巨响,使男孩受到惊吓。经过几次这样的经历之后,男孩就形成了对白鼠的恐惧性条件反射,即每当白鼠出现,男孩就会害怕、哭闹。此后,这种恐惧反应又泛化到其他白色的、有毛的物体上去了,如兔子、狗、有毛的玩具甚至毛皮大衣等。这一实验证实了人类的异常行为反应可以通过条件化的学习而形成。

2. 操作条件学习理论

经典条件学习理论只能解释有限的学习行为,学习的过程是先有适宜的刺激出现,后有人的行为反应。但人类还有另一类学习行为,即先有主动的行为,而后带来某一特定的刺激,或者说带来某种有利于人的结果。对于这一类行为就需要用操作条件学习理论来解释。

美国的心理学家桑代克曾做了这样一个实验:他将一只饥饿的猫关进一个特制的笼子里,笼外放置食物。这时猫想从笼子里出去拿到食物,就在笼中毫无目的地抓、咬、推、撞,在这种随意的动作中,有一个偶然的机会猫按压了可以开启笼子门的杠杆,结果笼子门被打开,猫得到了食物。经过多次重复和尝试,猫的无意义的行为逐渐减少,最后学会了直接按压杠杆开门的行为。桑代克认为猫的这种学习过程是一个尝试错误的过程,错误的行为被逐步排除,正确的行为得到保留。在此过程中,行为所导致的结果(如食物)对行为有强化作用,即能够满足有机体需要的结果会使相应的行为得到加强,而不符合有机体需要的结果会使相应的行为消除。

此后,另一位美国心理学家斯金纳也在实验中成功地训练鸽子学会啄发亮的小窗而获得食物。他据此提出了操作条件学习理论,认为人或动物可以通过寻找适当的操作行为来导致特定结果的产生,这种结果反过来会加强这种行为的保持。

斯金纳还认为人的某些异常行为也可以通过操作条件学习而形成,原因在于异常行为在个人生活中获得了强化。要消除这些异常行为,就必须消除或改变它们受强化的方式。

由此可见,我们可以利用操作条件学习原理来帮助人们学会正确的行为,消除不良的行为。

3. 模仿学习理论

人类的行为多种多样，并不是所有的行为都是个人亲身受到强化而建立起来的。有大量的行为是通过观察另一个人的行为及其行为结果，然后模仿别人而学会的。这种学习就是模仿学习。人们平常所说的“潜移默化”、“耳濡目染”等就包含了模仿学习。

美国心理学家班杜拉用实验证明：观察者在看到榜样人物的行为受到奖励之后，也表现出了大量相同的行为；而当榜样人物的行为受到惩罚时，观察者则很少表现或不表现同样的行为。因此，他指出：人可以仅仅通过观察别人的行为反应间接地学习一种行为。尤其是人的社会性行为，主要是通过这种模仿学习获得的，包括一些不良的行为也可以通过模仿而习得。例如，儿童观看了电视、电影中的暴力画面，自己的攻击性也会上升。模仿学习的效果与观察者的参与程度有关。如果观察者不仅仅观看示范者的行为，而且主动参与到类似的活动中去，那么学习的效果就比单纯地观看要显著得多。也就是说，主动模仿比被动模仿更有助于行为改变的发生。

此外观察者与被模仿者各自的特征也是影响模仿学习的重要因素。如果观察者的依赖性强、自我安全感低，就会更容易模仿他人的行为。如果被模仿者与观察者在年龄、性别、种族、态度上较为相近，则更容易被观察者模仿。被模仿者具有能力较强、地位较高以及富有修养等特点，也有助于促进观察者模仿的效果。

（二）行为形成与改变的方法

1. 强化的方法

强化的方法是建立在操作条件学习理论上的一种行为学习方法。它的基本原理是：一种行为如果得到奖励，那么这个行为重复出现的频率就会增加；反之，得不到奖励的行为重复出现的频率就会降低。其实，在日常生活中人们自觉或不自觉地都在应用奖励或惩罚来影响别人的行为，这就是强化的方法，只不过心理学家将它系统化、规范化，使之更有针对性和有效性。

用正强化的方法可以塑造想要建立的行为。当适当的行为出现时，立即给予一个好的刺激，如喜欢的物品、表扬或喜欢从事的活动等，促使这种行为模式重复出现，保持下来。用正惩罚可以帮助制止一种不想要的行为。当不好的行为出现时，立即给予一个坏的刺激，如批评、罚款、不喜欢的活动等，使人停止这种行为。

用负强化可以巩固一种适当的行为。当符合要求的行为出现时，立即取消原来给予的不愉快刺激，如批评、限制等，以增加该行为重复出现的频率。例如：小孩一旦从把房间弄得又脏又乱，转变为将房间收拾得十分整洁，这时就取消不让他出去玩的禁令。用负惩罚可以帮助减少不适当的行为。当错误的行为出现时，便取消原来给予的某种好的刺激，如表扬、奖赏等，使该行为出现的可能性降低。

例如：小孩一旦没有按时完成作业，就取消让他看电视的权利。无论是正惩罚或负惩罚，都会给人带来不愉快的情绪体验，有时会令人产生抵触心理，本来想消除的行为很可能由于惩罚而暂时潜伏下来，并没有彻底消除。如果要使一种行为更彻底地不再有表现的机会，使用消退法会更有效。消退法是对不符合要求的行为完全不予注意，既不奖励，也不惩罚，让它在得不到环境中任何反应的情况下自生自灭。例如，有的小孩学会了用哭闹或装病达到不去上学的目的，如果大人识破了这一点，不加理会，平和镇静，一切照常行动，久而久之，小孩觉得这样做得不到任何结果，就会自动放弃这种行为。在此过程中，需要耐心和坚持，同时还应注意及时强化正确的行为。

2. 放松训练

人在感到紧张、焦虑、恐惧的时候，生理上也会产生相应的变化，如心跳加快、呼吸急促、皮肤电阻因汗腺分泌而下降等。心理学家经过实验发现，当人体全身肌肉处于放松状态时，心跳、呼吸和皮肤电阻等生理活动表现出与情绪紧张状态相反的变化。因此，人体的肌肉放松状态与人的情绪紧张状态是一对互相排斥的状态，当一种状态存在时，另一种状态就不能够同时存在，或被消减了。在此基础上，人们可以利用肌肉的放松状态来对抗情绪紧张状态。

通过一定的自我训练，学会在短时间内放松全身所有的肌肉群，一旦处于使人紧张的情境，就主动达到全身肌肉的放松状态，这样可以帮助人镇静情绪、消除紧张、恢复体力。

3. 系统脱敏

系统脱敏是建立在放松训练基础上的一种行为改变方法，主要用于消除在某一特殊情境下不合理的、过度的焦虑或恐惧心理，同时建立起适当的行为反应方式。首先，想改变行为的人要学会放松全身的肌肉，然后把令他感到焦虑或恐惧的刺激按程度由低到高分出等级，每一等级的刺激强度应在个人能忍受的范围之内。接下来，按照建立条件反射的过程，将紧张性刺激与全身的放松状态反复结合。当最低水平的刺激由于身体放松而不再引起人的焦虑和恐惧情绪时，就呈现另一个略强一点的刺激，再与身体放松反复结合，直到不再感到焦虑和恐惧为止。这样一步步继续下去，最终使人对原来的刺激不再产生焦虑和恐惧的反应。在此过程中，还可以同时结合学习一种新的、适当的行为反应方式。

比如，下面是一个害怕老鼠的大学生的系统脱敏等级：

(1) 听别人说老鼠；

(2) 自己说老鼠；

(3) 看见老鼠两个字;

(4) 自己写老鼠这两个字;

(5) 摸老鼠这两个字;

(6) 由远及近地看老鼠图片;

(7) 摸老鼠的图片;

(8) 把老鼠的图片抱在怀里;

(9) 由远及近地看死老鼠;

(10) 用小棒拨动死老鼠;

(11) 蹲下来近近地看死老鼠;

(12) 由远及近地看影视片中的活老鼠;

……

4. 模仿学习

利用模仿学习的原理,使人通过观察别人和自己练习来建立一种原来没有的行为,或者学会一种新的行为来取代以往不适当的行为。作为模仿对象的可以是人,也可以是电影、电视录像或录音中描述的行为。

5. 角色扮演

角色扮演是要通过个人对自己真实生活的重演以及对未来生活的预演来改变旧的不适当的行为,并且建立新的适当的行为方式。它主要用于社交技能的训练。

例如,一位害怕在公众场合讲话的人,可以先让他设想自己面对许多人,扮演讲话者的角色。然后给他反馈,指出在扮演他自己的时候哪些行为不适当,应该怎样去做。还可以让另一个人模仿他刚才的表演,让他看到自己行为上的缺点。接下来,采用主动模仿的方法,给他提供一个在公众场合讲话自如的示范者,让他一边观察、一边练习。一旦他表现出了适当的行为,就及时给予强化,直到他能够成功地扮演一个在公众面前讲话自如的人为止。此后,还要做真实情境下的练习,巩固学会的行为。

6. 决断训练

决断训练也叫肯定性训练,主要用于帮助个人顺利地、正确地表达自己的要求、意见、情绪和情感。尤其对于那些在人际交往中感到难以维护自己的权利、在想拒绝别人时难以说"不"字、对自己生活中重要的或所爱的人难以表达积极情感的人,决断训练会有助于解决他们的问题。

首先需要确定产生自我表达障碍的具体情境,然后从认识上分析、扭转个人的一些不合理的观念,例如害怕拒绝别人之后会得罪别人、导致关系恶化等。接下来可以用模仿学习方法,让个人通过观察别人的行为从而发现在相同情境下可以有另一种应对方式,可以表达出自己真实的想法和情感。再进一步用角色扮演法巩固学到的新的行为模式，其中包括口头言语的表达方式以及体态、视线、表情等非言语的表达方式。

三、认知心理学的原理与方法

（一）认知心理学的基本观点

认知通常指人们获得和应用知识的一系列心理过程。它包括注意、感觉、知觉、记忆、想象、思维和决策等心理活动。人们通过认知活动从外部世界获得信息，并把这些信息转化为自身的知识结构，然后应用这种知识结构去指导自己的行为。

认知心理学是研究人的认知活动规律的一门科学。它特别强调从人的内部心理过程去解释人的行为。认知心理学认为人的大脑实质上就是一个信息加工系统，从外界获得的信息都必须经过个人的认知结构的重新加工、组合，然后才会导致相应的行为反应。而每一个人的认知结构都是个人生活经历的产物，是由长期积累的知识、经验构成的，因此，每个人的认知结构都有其自身的特点。当面对同一情境或同样外界刺激的时候，不同的人的认知活动是不一样的，产生的态度、观念与情绪体验也各不相同，因而表现出的行为反应也是形形色色的。例如，对同一部小说，有的人喜欢，有的人不喜欢。又如，遭到同样的挫折之后，有的人领悟到了迈向目标的正确方向，从而更为奋发；另外一些人则陷入对自己的怀疑和对前途的失望当中，变得一蹶不振。不同的行为反应背后是不同的认知在起作用。

每一个人在自己的生活过程中都形成了一些对周围世界的信念和假设，这些信念和假设会影响人们今后对事物的评价、情绪与行为，心理学把这种影响称为“心理定势”作用。心理定势在有的情况下可以帮助人们成功地应付以往遇到过的问题；但有的时候，却使人在面临已经发生变化的环境时，由于认知方式的僵化而抱有不相适应的、不合理的观念，并由此引发不良的情绪体验和异常的行为反应。因此，改变一个人对事物的不合理的认知，或者说改变他对事物的错误的解释与评价，有助于消除他不良的情绪体验，改变不适应的行为方式。

（二）认知改变的方法

由于认知改变对于人的情绪与行为改变起着关键性作用，因此不同的心理训练方法中都不同程度地包含了认知改变的成分。

其中最具代表性的方法是合理情绪疗法。

合理情绪疗法是艾利斯在美国创立的。他认为每一个人既有合理的思维，又有不合理的思维，因此人既是理性的，同时又是非理性的。人的情绪是伴随思维过程而产生的，由思维产生的认识和信念可以决定情绪的性质。人们大部分的情绪困扰都来自于非理性的、不合逻辑的思维与信念。当人们长期坚持在内心对自己重复这些不合理信念时，就会导致越来越严重的不良情绪和不适应行为，最终导致心理障碍。

艾利斯将人类普遍表现出的不合理信念归纳成三类：

1. 绝对化的要求

主要是指人们从自己的主观意愿出发，认为事物"必须"或"应该"怎样的信念。例如，"我必须表现优秀"，"别人必须处事公正"，"生活必须完美无缺"。一旦现实与个人绝对化的要求不相符合，人就会感到沮丧，从而陷入不良情绪当中。

2. 过分概括化的倾向

这是一种以偏概全的思维方式，只凭个别事实就来判定自己或他人的整体价值，每当出现不好的结果时，就倾向于把自己或别人评价得一无是处、毫无价值。例如，一次失败的经历，就导致"我是个无能者"的看法。又如，别人偶然一次失约，就认为"此人言而无信，根本不值得信赖。"如此非理性的思维，会导致对自己的自责和自卑，对别人的敌视和怨恨，从而使个人经常陷入不良情绪当中。

3. 糟糕至极的评价

即只要一件不好的事情发生了，那么此时此刻便是最坏、最可怕、糟糕至极的时候。例如，失恋了，就觉得跌入了命运的深渊，认为生活再也没有意义了。又如，工作中出现了一个失误，立刻觉得无比沮丧、内疚和耻辱，认为做错的事情再也不能挽回了，以往的成绩都因此而被全部否定了。其实并非每一件不好的事情都百分之百地对人不利，而且我们也没有理由认为这些事情绝对不该发生。面对现实生活中诸多的不如意，如果人们不能从多个角度去思考它们，接受它们，那么就会把自己逼到毫无回旋余地的绝境，陷入不良的情绪状态之中，难以自拔。

具体地说，人的不合理信念主要表现为以下11种观念：

(1) 每个人要取得周围人，尤其是生命中重要人物的赞许；

(2) 个人是否有价值，取决于他是否全能，在各方面都取得成就；

(3) 世界上有些人很邪恶，是坏人，应严厉谴责和惩罚他们；

(4) 当事情不如己意时，是可悲和可怕的；

(5) 逃避困难、挑战与责任要比面对它们更容易；

(6) 人的不愉快是外界因素造成的，人是无法控制的；

(7) 对危险和可怕的事，人应十分关心并随时注意；

(8) 一个人的过去决定了现在，而且永远无法改变；

(9) 一个人总要依赖他人，同时需要一个强有力的人让自己依赖；

(10) 一个人要关心他人，为他人的悲伤事情而难过；

(11) 人生中的问题都有一个精确的答案，找不到将是糟透的事情。

针对以上的不合理信念,艾利斯提出了 ABC 理论来解释人的情绪困扰和不适应行为的产生。其中 A(Activating events)指诱发性事件;B(Beliefs)指个人在遇到诱发性事件后产生的相应的信念,也就是他对这件事的看法、解释与评价;C(Consequences)指在特定情境下,个人的情绪体验及行为结果。艾利斯指出,情绪(C)不是由某一诱发事件本身(A)所引起的,而是由经历了这一事件的个人对这一事件的解释和评价(B)所引起的。因此 A 只是 C 产生的间接原因,B 才是 C 产生的直接原因,是 B 决定了 C 的性质。

在此基础上,艾利斯提出了通过改变信念从而改变情绪与行为的方法,即合理情绪疗法,也被称之为 ABCDE 模式。具体来说,就是当一个人要摆脱不良的情绪、纠正不适当的行为时,首先要找出他的情绪困扰和行为不适的具体表现(C),以及与每一种表现相对应的诱发事件(A),然后分析将 C 与 A 联系起来的认知活动,找出与之相关的信念(B)。接下来,要帮助他领悟到自己的这些信念是不合理的,了解到自己的思维方式有缺陷。在这里最重要的是从思想上动摇并最终放弃不合理信念。主要的方法是与自己的不合理信念进行辩论,用合理的信念驳斥、对抗(Disputing)它们,也可以与别人进行讨论,或者自己作实际的验证——这个过程用 D 来代表。最后,用合理的信念代替不合理的信念,用合理的思维方式代替不合理的思维方式,并且通过模仿学习、强化学习等行为训练改变以往的行为方式,从而巩固合理的信念。这样会使情绪的困扰得到解除,行为产生良好的适应,即达到了治疗的效果 E(Effects)。概括起来就是:诱发事件(A)——有关的信念(B)——不良情绪和不适当的行为(C)——与不合理信念进行对抗(D)——在情绪和行为上产生积极的效果(E)。

四、个性心理学的原理与方法

(一) 个性心理学的基本观点

心理学上的个性是指一个人在长期的生活过程中逐渐形成的内在的、稳定的、整体上的行为倾向性,它赋予一个人最具特色的心理特点,是个人独特的身心组织的体现。一个人纷繁复杂、多种多样的行为表现背后,最根本的依据和最深层的动力就来自于他的个性。个性也被称为人格,二者是同一概念。个性心理学就是研究个性的构成、表现以及变化和发展规律的科学,目的是帮助人们了解自己的个性,完善自己的个性,使身心更健康,生命的价值得到更高程度的实现。

研究个性的心理学家有许多,他们对于个性的结构、形成和发展的不同观点形成了不同的理论派别。

个性的特质理论认为,个性是由一些最基本的因素组成的,这些最基本的因素就是人格特质。每个人的个性中都包含了同样数量的特质,只不过每一个特质表现的倾向和程度不同罢了。每个人身上都有这些特质的独特的组合方式,因而表现出了不同的个性特点。另外一种有关个性的类型的理论,用少数几个综合性较高的尺度来衡量个性,将所有人的个性按照身心的不同倾向性分成几大类型,同一类型的人表现出相似的行为特点。以上两种理论为个性的测量奠定了基础。

弗洛伊德的精神分析理论是关于人格的一种重要理论。他认为人既有意识层面的心理活动,也有无意识层面的心理活动,无意识对人的思想与行为起着潜在的、不容忽视的作用。因此每个人对于自己的人格必然有还未认识到的部分。他认为,人格发展的动力来自于性欲的力量,因此人格的发展伴随着心理性欲的发展,任何性欲发展上的不良体验和阻滞,都会对今后人格的正常发展带来不良影响。弗洛伊德还把人格的结构分为三部分:本我、自我和超我。其中本我代表本能的欲望与冲动,它寻求即时的满足,完全处于无意识当中;超我代表理想的自己,是良心和社会道德规范对人的要求的体现;自我是现实生活中真实的自己,他在本我与超我之间做协调工作,既要设法满足本我的需要,又要保证不触犯超我的禁忌,尽量使本我与超我之间不发生冲突。但是,自我并不总是能成功地协调本我与超我,一旦冲突发生,人格就会紊乱,人的心理与行为就会出现障碍。虽然弗洛伊德过分夸大人的生物本能和无意识的作用,受到了许多人的责难,但是,他提出的内心冲突与幼年经验能对人的心理和行为产生影响的观点得到了印证;他创立的精神分析法,通过使人了解、领悟自己心理异常的深层原因以及宣泄自己的心理压力等方式,达到对异常行为的治疗,的确具有一定的效果。

以华生为代表的行为主义学派,注重研究环境刺激与人的行为反应之间的关系,从学习的观点来看待人格的形成。他们认为人格不是天生就有的,也不是一成不变的,在人与生活环境的相互作用过程中,偶然的行为反应或模仿来的行为,如果受到强化,会一再地出现,最终会固定为行为习惯,成为内在的心理倾向的组成部分,即人格的一部分。人格的改变同样可以借助行为的改变而实现。

以凯利为代表的人格认知理论,倾向于认为人总是有理性地进行活动,每个人都会用自己的思想、观点去解释和评价自己经历的事件,并赋予事件一定的意义。这种对某一事件的解释方式被他称为一个建构。人们在生活当中发展了自己一整套的建构系统,人们利用它来理解和预测现实,并根据它制定相应的行为方案。因此,凯利认为一个人的人格就是他的建构系统。在人格的形成过程当中,认知活动起着关键的作用。当人格出现异常时,就是认知活动出现了问题。要矫正人格,就需要改变旧的建构,建立新的建构——建立新的看待世界、解释世界的方式。

人本主义是当今人格心理学中最具影响力的学派之一。由于它肯定人的尊严、价值和潜能,致力于使人的心理更加健康、人格更加完善、潜能得到发挥、个人价值达到最高程度的实现，因此，它吸引了众多的研究者和信奉者。人们渴望借助人本主义指出的道路，迈向更加幸福、成功的生活。

罗杰斯和马斯洛是人本主义人格理论的两位杰出代表人物。他们都认为人的本性是积极的、向上的、有理性的和独立自主的，人性中有自我成长的力量，要求使个人的价值达到最高程度的实现——即自我实现。他们相信每一个人都有充分的潜能去达到自我实现，只不过由于各种人格上的缺陷与弊病妨碍了个人认识和发挥自身的潜能。他们相信，通过理性的方式，每个人都可以正确地认识自己，认识环境，完善自己的人格，释放自身的潜能，朝着自我实现的目标成长。

罗杰斯认为一个人的自我概念在他的人格中处于核心地位。自我概念是一个人在生活中长期与环境相互作用而逐渐形成的，是关于自己的态度、看法和评价。一个人有什么样的自我概念，就会有什么样的行为，他的行为必定要符合自我概念对行为的要求，所有的行为都以维护现有的自我概念为目的。例如，一个人如果有"待人宽容"这样的自我概念，他在为人处事时就会努力保持忍耐、大度、仁慈，不会表现出斤斤计较、尖酸刻薄等行为。但是，一个人的自我概念与真实的自我有时并不一致。自我概念是对自身进行认识的产物，它会由于个人认识能力的局限而出现误差，还会由于个人接受了外界的影响而产生假象。例如，社会、他人和生活条件常常依据各自的标准对人提出各种要求与期望，对个人的行为进行评价，给人造成我"应该……"、"必须……"、"最好……"或"当然……"等印象，它们也构成了自我概念的组成部分，并且往往是在真实的自我还未达到的时候就自以为是这样了。真实的自我是个人在实际生活中感知、体验到的自我，如果它与自我概念一致，那么人的心理就非常健康；如果它与自我概念不一致，人的内心就会产生冲突和矛盾，其行为由于失去了明确的依据而变得混乱，情绪上产生困扰和痛苦。因此，罗杰斯指出：拥有健康人格的关键是正确地认识自己，形成真实的自我概念。

马斯洛从需要的角度来理解人格，认为人格的发展动力和基础是人的内在需要的满足。他提出了需要层次学说，指出人类有以下基本需要：生理的需要、安全的需要、爱与归属的需要、尊重的需要和自我实现的需要。这些需要是按照出现的时间由早到晚，发展的水平由低到高排列的。越是低级的需要，越要取得优先的满足，它们与人的生存关系越密切；越是高级的需要，越要在低级需要获得满足的基础上，在更良好的条件下才可能得到满足，它们关系到人的发展，为人们提供最美满、最有价值的生命体验。一个人的人格发展的水平可以从他的基本需要得到满足的程度去衡量，换句话说，达到自我实现的人所具有的人格是最健康、最理想的。马斯洛还指出，高级的需要在一定程度上可以对低级需要起调控作用，即当个别低级需要暂时得不到满足时，高级需要的满足可以使人维持正常的身心活动。例如，有的人可以忍受恶劣的生存条件去坚持完成他认为能够体现自身价值的事情，他们往往都成功了，而且并没有因为个别需要没有得到满足而产生心理障碍；相反，他们由于自我实现而进入到了更高层次的精神和谐。因此，要做一个健全的、幸福的人，就应当努力提高自己的需要满足层次，迈向自我实现的目标。

（二）个性的测量与塑造

心理学家对个性的研究为人们塑造良好的个性品质提供了两方面的帮助：其一是发展了多种测量个性的方法；其二是解释了影响个性形成的诸多因素之间的相互作用。

迄今为止，测量个性的方法不下上百种，大致可以分为这样几类：观察法，实验法，访谈法，测验法等。所使用的材料有真实的刺激、文字材料、图片等。测量对象的反应方式可以是身体的、口头的或书面的，通过这些反应可以直接或者间接地反映出一个人个性的品质。了解个性是完善个性的基础，个性的测量方法为人们了解自己的个性提供了科学、有效的手段。

综合各方面的研究成果，目前心理学家普遍认定：个性的形成是一个复杂的、动态的过程，涉及诸多因素的相互作用。一个人的遗传素质（如高级神经活动类型）、早期经验、家庭环境、学校教育、社会处境以及个人自觉的选择和主动的学习等等，都会影响其个性品质的形成。在成年期之前，影响个性形成的主要因素是幼年的生活经验、父母的教养态度和方法、父母与子女之间的关系等；在成年之后，影响个性变化的主要因素是社会环境以及个人基于对现实和自我的认识所选择的态度倾向与行为方式。以往的生活经验会形成某些稳定的个性品质，它们对个人今后的态度和行为会产生影响；而在新的条件下产生的态度和行为，逐渐稳定和成为习惯之后，又成为个性品质新的组成部分。这就是个性的动态发展，它为人们积极主动地塑造良好的个性品质提供了可能性。

实际上，塑造个性与改变个性的方法是一种综合性的方法，既包括对个人幼年经验的反省和对成长历程的再认识，也包括对自我概念的重建和对社会、对他人、对自己的积极接纳，还包括高层次人生价值观的树立以及具体行为的训练和巩固。因此，人格的自我塑造是一项需要高度自觉性和主动性，并且贯穿于个人的整个生活历程的、细致而又复杂的工作。

教学互动

★ 打造自己的心理优势

要求：列出2～3项自己最大的心理优势，制定提升计划。

1. 确定提升的内容：我要提升什么？

2. 确定目标:达到什么目标?

3. 制订计划:如何达到目标?

4. 实施并确立检查措施:按计划做,并有奖惩措施。

心理测试

★ 房树人测验

要求:请在一张空白纸上画房、树、人。画好后,教师协助学生做自我分析。

第二章　一切财富始于健康的心理

——心理保健训练

有一则寓言这样说:在那久远得不能再久远的年代,诸神造出了人。当他们发现人是如此地聪慧,无所不能,居然跟他们差不多时,他们害怕了。于是,几个合伙造人的神就集中在一起开了一次紧急会议,研究如何把人的最珍贵的东西给收起来。这个意见大家都同意,但收起来的东西该藏在哪里呢?为此,他们大伤脑筋。有神说,把它藏到最高的高山顶上,但担心人还是能爬上去拿到;又有神建议,把它藏在最深的深海里,马上就有反对意见,说人肯定也会想办法找到。最后,他们想出了一个绝妙的办法:放在人自己身上,放在人的心里!

可见,一个人真正的富有是精神的富有,真正的力量是精神的力量。一切财富和成就,起源于杰出的智慧和健康的心理。

一、科学的心理健康观

在当今社会,"享受生活每一天"已经成为最响亮的口号。但"享受生活每一天"却是需要资本的,它的资本就是健康。当今健康的涵义已经不是传统意义上的健康。

早在1948年,联合国世界卫生组织成立时,在宪章中指出"健康不仅是免于疾病或虚弱,而且是保持身体上、精神上和社会适应方面的完美状态"。1989年世界卫生组织进一步深化了健康概念,包括生理健康、心理健康、社会适应良好和道德健康,要求人们从这四个方面综合评判一个人的健康。20世纪90年代,国际上关于健康的理解又有了新的进展,人们认为应该从积极的方面解释和理解健康,推出了"康宁"和"幸福"的概念,使健康的含义更加广泛,而且具有积极意义,健康不仅是一种良好状态,更是人们努力追求美好生活的方向。

心理健康是人对自然、社会的一种和谐、有序、平衡的心理状态。心理健康的人能保持平静的情绪、敏锐的智能、适于社会环境的行为和愉快的心情,一方面为社会所接受,另一方面能为本身带来快乐。

良好的心理健康状况对人的成功是非常重要的。美国著名心理学家特尔曼对800名男性进行了30年的追踪研究表明,成就最大的20%与成绩最小的20%之间，最明显的差别不在智力水平，而在于是否具有良好的心理素质。也有人曾做过专门的统计，威胁人类生命的主要疾病，在20世纪70年代是肺病，80年代是心脏病，90年代是癌症，而21世纪则是心理疾病。

联合国专家也曾预言，到21世纪中叶，没有任何一种灾难能像心理危机那样带给人深刻的痛苦。美国一位资深的心理医生曾断言，随着中国社会市场化的变革，人们面临的心理问题对自身生存的威胁，将远远大于一直困扰中国人的生理疾病。

因此，我们每个人都要像关心自己的身体那样关心我们自身的心理状况，注重心理保健。

二、心理健康的标准

心理学家指出：人的心理健康是战胜疾患的康复剂，也是获得机体健康、延年益寿的要素。近年来，心理学家又提出了心理健康的十项新标准：

(1) 充分的安全感。安全感是人的基本需要之一，如果惶惶不可终日，人便会很快衰老。抑郁、焦虑等心理，会引起消化系统功能的失调，甚至会导致病变。

(2) 充分了解自己，对自己的能力做出恰如其分的判断。如果勉强去做超越自己能力的工作，就会显得力不从心，于身心大为不利。超负荷的工作甚至会给健康带来麻烦。

(3) 生活目标切合实际。由于社会生产发展水平与物质生活条件有一定限度，如果生活目标定得太高，必然会产生挫折感，不利于身心健康。

(4) 与外界环境保持接触。因为人的精神需要是多层次的，与外界接触，一方面可以丰富精神生活，另一方面可以及时调整自己的行为，以便更好地适应环境。

(5) 保持个性的完整与和谐。个性中的能力、兴趣、性格与气质等各种心理特征必须和谐而统一，得到最大的施展。

(6) 具有一定的学习能力。现代社会知识更新很快，为了适应新的形势，就必须不断学习新的东西，使生活和工作得心应手，少走弯路，以取得更多的成功。

(7) 保持良好的人际关系。人际关系中，有正向积极的关系，也有负向消极的关系，而人际关系的协调与否，对人的心理健康有很大的影响。

(8) 能适度地表达和控制自己的情绪。人有喜怒哀乐不同的情绪体验，不愉快的情绪必须释放，以求得心理上的平衡。但不能发泄过分，否则，既影响自己的生活，又加剧了人际矛盾，于身心健康无益。

(9) 有限度地发挥自己的才能与兴趣爱好。人的才能和兴趣爱好应该充分发挥出来，但不能妨碍他人利益，不能损害团体利益，否则，会引起人际纠纷，徒增烦恼，无益于身心健康。

(10) 在不违背社会道德规范的前提下，个人的基本需要应得到一定程度的满足。当然，必须合法，否则将受到良心的谴责、舆论的压力乃至法律的制裁，自然毫无心理健康可言。

对于正在求学的大学生而言，其心理健康的标准可作如下界定：

(1) 了解自己，接纳自己，树立健康的自我形象；

(2) 在学业上达到适当的水平；

(3) 有真实、充分地表达自己的能力；

(4) 能妥善处理个人的情绪；

(5) 有良好的人际关系和人际交往能力；

(6) 拥有一套合理、有效的抉择方法；

(7) 有自制力和独立性；

(8) 对未来的职业有适当的准备；

(9) 对恋爱、婚姻、家庭有正确的观念和态度；

(10) 能够建立明确的人生观和适当的生活方式。

三、如何认识和对待心理健康

(一) 心理健康是一种愉快的体验

一位女大学生在日记中写道："我来自穷乡僻壤，是那么无能，很少有高兴的时刻。只有当寝友们都痛苦时，我才感到片刻快慰……"

从字里行间可以看出，这位女学生错误的自我观念和错误的情绪体验。你真的是那么一无是处？真的要把自己的快乐建立在他人的痛苦之上，这种心理健康吗？

体验是人对自己和周围环境的一种认识，它制约着人的情绪和行为，能否正确认识自己是心理健康的一个重要标志。过于贬低自己就是自卑，自卑感是一种不良的体验，它常常是情绪不愉快的根源。

日常生活中，可以看到一些人总是和自己过不去。同样一件衣服，穿在她人身上好像一朵"花"，穿在自己身上好似一块"疤"；同样一颗痣，放人家脸上是"画龙点睛"的美人痣，放自己身上却是"画蛇添足"……这种人习惯拿一根长矛，矛头总是对着自己，很少有愉快的体验，主动把"痛苦"留给自己。

另外有些人则相反，过高地评估自己，认为自己"鹤立鸡群"、无所不能，但一遇挫折，情绪就一落千丈，往往从自大开始，以自卑告终，最后还是把"矛头"对准自己。

不良的自我体验难以产生愉快的心情，而长期痛苦的心情又会加重自卑感，这种恶性循环是许许多多心理咨询者的困惑所在。

因此，心理健康首先要正确认识自己，随时调控心情，审时度势地选择好自己前进的坐标。升学就业、经商下海、成家立业……敢于直面人生，不为失败所困，不为名利所累，不为富贵所淫，不为生理缺陷所惑，只为心情愉快。一份愉快的心情，能增添十分的妩媚；一份痛苦的心情，会影响一家人的生活安宁。

（二）心理健康是一种高效的操作机能

操作机能是指人的心理与社会功能。心理健康者是讲究效能的，他们具备良好的感知能力，丰富的想象力，颇具创造力，思维活跃，学习工作效率较高，人际关系和谐。他们的认知、情感与行为协调，个人的内在心理需要和外在的社会规范协调。

睡眠效率反映着人的心理功能。一位来访者这样申诉："总是睡不着觉，下午6点钟就上床，胡思乱想，到次日凌晨才能勉强睡1～2个小时。"

胡思乱想，尽管联想的速度很快，但没有效率。睡眠不安只是现象，反映出的问题可能是多方面的。也许是面临考试，求职应聘在即，遭到领导批评，人际关系不和……若规劝他"少胡思乱想，一心一意睡觉"会有什么作用？等于白说。心理医师是不会采用这种家长式的劝说，而是建议当事人采纳这样的处方：白天多活动，多兴奋，夜间尽量晚一些就寝。人总会有生理极限，今晚睡不着，明晚睡不好，到后天不用他人劝，自然就会呼呼大睡一觉。当然，从根本上解决问题还是要"对因处理"。

不少学生抱怨自己的学习效率不高，眼睛盯着书本两小时竟然未翻一页。显然脑海正云游四方，浮想联翩。与其这样阅读，不如合上书本，去打一场球、下一盘棋，再回头学习，也许只要两三分钟就能背诵书中的要旨了。

人际交往是人类社会功能的重要指标。有的人长年闭门造车，与人老死不相往来，生活在一个孤独的世界里，不受欢迎，使人的社会功能严重受损。另有一些人费了不少功夫，揣摸别人的心理，看上去八面玲珑，实质令人生厌。有位来访者沮丧地说："平时我对大家都不错，但自己一生病，竟然无一人来看我！"这种结果显然在告诉我们：对大家"不错"还远远不够，必须与人真诚相待。交朋友只是萍水往来或互相利用，往往不会产生"挚交"。

人的心理与社会功能的提高是一个长期任务，也可以说是人的终生追求目标。只要加强自身的心理修养，善于学习，不断探索，不断实践，扬长避短，就能提高健康水平。

(三)心理健康是一种动态的调适过程

心理健康不是一个静止的理想标准。可以肯定地说,绝对、永远心理健康的人是没有的。绝大多数人处在健康与不健康的边缘状态,有人称之为“第三状态”。

社会医学家的观点是:90%的就医者可能没有病,或是无病呻吟,或以病人的角色换取他人的同情与关注;而90%的正常人也许有病,他们正遭受社会的各种应激压力,如就业、求职、下岗……他们随时会成为病人。这种观点辩证地阐明了健康的相对性。

人生活在大千世界中,社会在进步,人也得变化。保持心理健康将是一个动态的过程。20世纪五六十年代,人们吃饱饭就够了;七八十年代,有房住、有书读就满足了;90年代乃至21世纪,人们会面临更大的应激压力,会更多地追求精神需要——情爱、尊严与成就。这些需要的满足有赖于心理调适与自身的不懈努力。

心理的调适还要遵循人的年龄发展特征。若一位成熟的女性连买一双什么样的鞋都拿不定主意,非要母亲裁决,说明其心理的成熟度太低,心理调适能力太差。反之,一位5岁的幼儿谙知世态炎凉,这种“早熟”同样令人心酸!

现代社会人口增多,环境恶化,竞争激烈,人人都会面临痛苦。痛苦并不可怕,关键在于调适。有所不满,有所追求。这正是心理健康的秘诀所在。

四、大学生心理健康的常见问题

(一)环境应激问题

1. 学校环境的变迁

学校环境对大学生尤其是新生有重要影响。对于新生来说,他们面临着的是陌生的校园,生疏而又关系密切的新群体。多数学生首次远离家门,离开长期依赖的父母以及其他的亲人、朋友和熟悉的环境,意味着今后将开始独立生活,对众多的问题要自己拿主意,自己动手解决。所有这些都会给每个大学生带来不同程度的环境应激。当这种应激超过一定限度时,就会造成心理健康问题,出现失眠、食欲不振、注意力不集中、焦躁、头疼、神经衰弱等症状,环境适应更加困难,甚至可能擅自离校。

2. 学习条件和方法的变化

这种变化主要表现在两个方面。第一,许多大学生在入学前是当地的学习尖子,家长、老师都对他们呵护备至,在同学中也备受尊重,自我感觉良好,信心十足。但在集中了各地学习优等生的新群体中,他们可能不再是校园中的宠儿,学习上也可能不再是优等生了。假如对此现实不能恰当地接受和对待，就会造成心理健康问题，表现为自信心降低，有自卑感，甚至会出现强烈的嫉妒心理和攻击行为，从而使其更难于顺应现实。第二，学习方法不当等造成学习困难。比如对新的大学课程仍沿用已不适用的中学学习方法，结果造成学习成绩不理想，但又忽视了学习方法的探讨，使之在学习问题上被动应付，心理上承受较大压力，出现焦虑、紧张等情绪反应，反过来又会严重影响其自信心，带来苦恼以及自我否定等心理问题。

3. 生活习惯的变化

南、北方学生的换位就学等，带来饮食方面的显著差异和生活习惯的不适应，这也会造成部分学生的环境应激。如果不能在短期内顺利适应，心理应激便会影响到正常的学习、睡眠等活动，造成心理健康问题。另外，随着学生家庭经济情况的改善，大学生中女生攀比衣着打扮，男生抽烟饮酒，追求享乐，各种名目的聚会及游玩消费已越来越普遍。部分经济能力有限而又爱面子、讲虚荣的学生很容易因此造成心理问题，如严重的自卑、忧虑、紧张等精神压力，甚至引发违纪违法行为。

4. 语言隔阂

个别来自偏远地区的学生，会出现一定程度上的语言隔阂应激现象，造成学习困难和交往障碍等，这也会对其心理健康产生不良的影响。

（二）与自我有关的问题

1. 理想自我与现实矛盾的不适应

大学生作为同辈人中的佼佼者，步入大学后很自然地会设计出完美的自我和美好的未来。然而现实中的种种障碍会阻碍“理想我”的实现，这一矛盾若处理不好就会严重影响他们的心理健康。虽然大部分学生能努力重建被现实排斥的自我，重新树立自己的人生目标，但也有部分学生企图逃避与现实的矛盾冲突，或者用攻击的方法发泄对现实的不满，或者消极颓废、不求上进，沉溺于玩乐放纵，还有的学生甚至可能因此产生自杀的念头。

2. 自我发展的不适应

处在大学阶段的青年人自我意识增强，并有着强烈的充实自我、发展自我和强化自我的需求。但在追求自我发展的过程中，有的同学顾此失彼，没能达到期望的目标，并因此产生了不良心理反应。还有的同学过分放大了自我的“劣势”，忽略了自我的优势，且由于害怕暴露自己的弱点而采取了回避和压抑的心态，性格变得孤僻、多疑、嫉妒，出现严重的烦恼和恐惧不安等。

3. 自我定向混乱

自我定向是青年期的重要课题之一，通常需要完成对某种社会职业的选择，对个人终生目标及其展望的形成和人生观的建立。在这个过程中，部分大学生会陷入混乱，产生心理健康问题。他们在多元化的价值体系中很难找到自己的目标及人生观，失去了生命的存在感，结果使他们陷于苦闷甚至绝望之中。

（三）人际关系及人格问题

1. 人际交往中的障碍

在大学阶段中，个体独立地步入了准社会群体的交际圈，大学生们尝试人际交往，试图发展这方面的能力并对此做出评估，为将来进入成人社会做准备。在这一过程中，部分学生会遭受挫折，或自我否定而陷入苦闷与焦虑，或企图对抗而陷入困境，并由此产生了心理健康问题。

2. 人格中的不完满

大学生的人格特征在遗传和后天因素的影响下已基本成型。部分大学生存在一些不良的人格特质，这些不良特质一方面严重影响着他们的学习、人际关系、社会性活动以及进一步的发展和自我完善；另一方面当个体意识到这些不良特质及其后果，又无力改变的情形下会表现出消极的心理防御反应及自我否定，结果给自身的健康发展造成了严重影响。

（四）与性有关的问题

1. 性意识的困扰

大学生的性生理已发育成熟，与之相伴随的性心理也基本成熟。大学生或多或少都存在一定程度的性意识困扰，如性吸引、性幻想、性梦以及与之对抗的对性的压抑。这种困扰通常只带来一般程度的不安和躁动。但在达到严重的程度时，尤其是在夹杂一些不科学的性观念的情况下，就会产生心理问题，从而影响到学习、生活、休息等各个方面。

2. 对自己身体意象的不适应

处在青春期的大学生，对自己的身体意象极为关注。当个体不能接受自己的身体意象时，会产生强烈的自我否定、与周围的对抗态度和情感反应，甚至会引发攻击性、逃避性或病理性的行为，从而构成了心理问题。在大学生中，这种情况常见于肥胖、身材矮小、相貌怪异、有某种残疾等。

3. 性行为困扰

在未婚大学生中，性行为大多停留在自慰性行为水平，如手淫、触摸以及两性之间的一些边缘性性行为，如爱抚、接吻、拥抱等，也有部分学生有性交行为。这类行为，尤其是性交行为，很容易给当事人造成心理压力，严重的也会导致心理问题。

4. 性行为异常

在大学生中，也可见有暴露癖、恋物癖、窥阴(淫)癖等常见的性变态以及同性恋的情况。

5. 早年性经历带来的影响

对具有生物属性的人来讲，性是自然而重要的。事实上，性启蒙大大早于性生理成熟，还在幼年、儿童时期，较表面化的性行为就出现了，比如游戏性性交，异性间及同性间相互观察或触摸，手淫等。问题在于，有些大学生仍会遗留一些较严重的心理阴影，由此影响了心理的安宁和与他人的交往，甚至婚恋生活。

6. 失恋造成的不适应

大学生的恋爱现象已相当普遍，失恋的情况也就经常发生。不少大学生把失恋看成是极端严重的生活事件，使他们的情绪、自我评价、人际交往、学习、生活等受到沉重打击，并由此造成诸多心理问题。

（五）其他问题

1. 对重大丧失的不适应

在大学阶段，学生有面对各种意外事件的可能性，当这些事件对个体意义特别重大（客观上的或主观上的）、且未能被妥当应对时，就会对他的各方面产生严重的不良影响，继而出现心理问题。这些情况包括严重的外伤或疾病，亲人亡故或重病，家乡遭受重大灾害，丧失重要的机遇等。

2. 早年伤害性体验带来的不适应

一些大学生在幼年、童年甚至青少年时期的生活环境中，曾经历过不幸的事件、境遇，并造成严重的伤害性体验，以至于对他们的行为模式、对生活的态度甚至对其个性产生了恶性影响。进入大学新环境后，他们仍然可能以仇恨、猜疑、逃避、攻击、不合作等行为模式来对待周围的一切，结果会加重他们的社会适应不良，并影响其发展。这些情况包括父母离异或家庭严重不和睦，被遗弃与收养，家庭及本人长期处在被严重压抑的环境，长期被伤害或迫害而缺乏爱与同情，家庭经济状况长期困窘等。

3. 家庭贫困导致的心理问题

大学生中有这么一个特殊群体，他们因为窘迫的家庭困境，而陷入到常人难以忍受的生存状态。他们能否成长为人格健全、成绩优秀的人才，非常需要社会以及周围善良的人们给予更多的关注。据某些高校对这方面的调查研究显示，不少大学生因为经济的贫困会产生诸多不利于其发展的心理特征，如自卑、敏感、抑郁、多疑、焦虑、孤僻等。这些心理问题如不及时解决，一系列心理疾病将会应运而生。

4. 网络中的心理问题

2004 年 7 月，中国互联网络信息中心发布的《中国互联网络发展统计报告》表明：中国的互联网用户数量已达 8700 万，其中学生占 31.9%。网络在给大学生带来积极影响的同时，也给大学生的健康带来了许多负面影响。如网络成瘾、网恋、网上暴力等。大学生把大部分时间花在了上网上，不仅导致视力下降、眼睛疼痛、手关节疼痛、身体疲乏无力、食欲不振等不良生理反应，而且严重地影响大学生正常的学习、生活、交往，甚至导致人格异化、精神障碍或犯罪。

5. 就业的压力，择业中的问题

就业是人生的重要转折点，也是目前学子们最关心的问题。面对择业，大学生的心理是复杂而多变的，有些毕业生鉴于学习成绩不理想、年龄较大、家庭负担重或鉴于个人条件好、自我评价高，在择业中表现出急于求成、悲观失望、盲目攀高或消极依赖等情绪。大学生求职择业过程中产生的种种矛盾心态、迷茫和困惑干扰了他们正确的就业心态。什么单位才是自己应该去的工作单位，什么样的工作单位才是最适合自己发展的，什么工作才是最有前途的工作，这些都是摆在大学生面前的现实问题。

五、大学生自我心理调控能力的提升

维护大学生的心理健康和提高大学生的心理素质，除有赖于学校的教育外，还有赖于大学生的自我调控(Self-regulation)。这种心理自我调控包括以下的内容和方法：

1. 调控自我心态，以积极的心态对待一切事物

这是人们保持健康心理状态的首要条件。所谓积极的心态，就是要以积极乐观和辩证的观点和态度看待事物，善于从眼前不利的事态中看到未来光明的远景；从失败中看到成功，从黑暗中看到光明。所谓"塞翁失马，焉知非福"，"失败乃成功之母"，"失之东隅，收之桑榆"等处世格言正是基于这种积极的心态。

某门课程考试不及格，这当然是学习过程中的一大挫折。你因此灰心丧气，对自己失去了信心，是更加可悲的事情；如果你以积极的心态去对待这一挫折，认真地从中总结经验教训，不但使你发现了自己的问题和弱点，可能还会发现自己在另一方面的长处，从此调整学习的目标和策略，并踏上学习不断进步的坦途。

同某个同学的关系不好，他对你采取不理不睬的态度，如果你也以同样的态度予以回应，那么，双方的关系就会越来越僵；如果你以积极的心态去对待，以诚相见，主动接近，热情关怀，真诚帮助，那么，原来的僵局就可能逐渐缓解，坚冰就会逐渐融化。通过真诚的交往以消除误会，他可以转变为你的知心朋友。

世界上一切事物都是发展的、变化的。无论是对待学习、人际关系、恋爱，还是对待一切困难，只要人们保持积极的心态，努力促进事物的发展，任何事物都可以向积极的、有利于人的方面转化。这种积极的心态不但是我们积极改造世界应有的态度,也是我们保持健康心态的重要条件。

以积极的心态对待现实,就要对现实采取"一分为二"的态度。现实生活中总是善与恶同在,光明与黑暗并存,顺境与逆境交错的。如果人们只能接受那些美好的、顺心的、看得惯的事物,而对那些丑恶的、不顺心的、不喜欢的人和事一概采取拒绝和排斥的态度,那么,个人将很难同环境保持良好的适应关系,也很难使自己的心态保持平衡。有些学生上大学前把大学想象成实现个人美好理想的乐园,入学后面对现实,感到处处不尽如人意,幻想破灭,希望落空,接受不了眼前的现实,感到无比痛苦,甚至因此而产生悲剧。

所以,要适应现实,就要对现实进行分析和区别对待。要像荷花那样,既从环境中吸取养分,又出污泥而不染,保持高洁和芬芳,这才是对现实积极的适应。

2. 调整自我观念,接纳自我和完善自我

要使个人与现实保持协调的关系,必须调整好自我观念,能接纳自我和不断完善自我。

首先,能接纳自我,必须对自我有一个全面正确的认识。有些大学生认为本身的主客观条件都不好,如家庭经济困难,没有有权势的父母与亲戚,出身农村和山区,自己身材、长相差,不善言辞等,同别人相比,总觉得不如他人,因而对自己不满意,不能悦纳自我。其结果不仅在学习上信心不足,缺乏进取精神,在社会交往上也消极退缩,裹足不前,不能与现实保持良好的适应关系。

其次,要完善自我,需要对自己有一个全面的认识。认清自己是一个什么样的人,有什么优点和缺点、长处和短处,在社会交往中是否受人欢迎和喜爱,是否具有适应环境并改变环境的能力。有些大学生自认为年轻、聪明、有才干,家庭具有某些优势,本身的身材、长相又好,而且具有社会交往能力,因而骄傲自负,看不起别人,更不考虑要对自己的心理品质进行自我完善。他们往往在遭遇到生活中的某些挫折后才会总结经验教训,重新认识自我,看到自己的缺点和弱点,产生重新自我完善的要求。

个人心理品质的修养不是通过一两次自我完善就能实现的。人的一生是不断适应环境、攀登新的高峰的过程。因此,每个人毕生都要不断地进行自我完善。

3. 调控自己的情绪

心理健康与个人的情绪状态密不可分。维护个人的心理健康,必须学会调控和驾驭自己的情绪。要调控自己的情绪,必须首先了解自己情绪的特点。一是要了解自己经常产生什么样的情绪。喜怒哀乐哪种情绪最为经常、最为主要。二是要了解自己情绪发生的原因,是在何种事物的影响下产生该种情绪。三是要分析自己的情绪反应是否合理与适度,是否同现实合拍。如果大学生能通过日记对自己情绪的表现逐日加以记载,定时加以分析,就不难了解自己情绪的特点,从而有针对性地加以防范、疏导和调控。

人的情绪是可以调控的。首先要树立情绪可以控制的观念和信心，要有意识地控制情绪，而不要让情绪自由放任。其次，要养成控制情绪的技能和习惯，学会在发现自己情绪不对头时就适时地采取措施，或者是远离引起情绪的环境，更换引发情绪的活动，或者是采取有意识防卫的策略以缓解不良的情绪。

4. 有意识地调整人际关系

健康的心理状态同良好的人际关系密不可分。人们在日常生活中，如果能不断感受到人情的温暖和爱的温馨，就会心情愉快；如果经常感到的是矛盾和斗争，就会心情沮丧和痛苦。

建立良好的人际关系，首先要以诚待人，与人为善，对别人尊重和信任。对人缺乏诚意，采取怀疑和戒备的态度，处处设防，言行不一，就不可能建立真诚互信的关系。

其次，对人要宽容，不能苛求。“金无足赤，人无完人。”对别人要求过高，求全责备，容不得别人的缺点和错误，必然交不到朋友。只有多看别人的优点，少记别人的缺点，在相互交往中扬长避短，保护别人的隐私，才能彼此互补，建立友好的关系。

再次，要互相帮助。需求互补是建立人际关系的重要条件。尊老爱幼体现了家庭关系的职能，是建立家庭良好长幼关系的基础。同学或同辈间在精神上互相支持，在学习上、生活上互相帮助，在知识与能力方面互补，才是建立良好友谊关系的基础。

人际关系是不断发展变化的。随着时间的推移，彼此在知识、经验、地位、态度等方面的变化，也会引起相互之间关系的变化，原来亲密的关系会变得疏远，而原来疏远的关系会变得亲密起来。因此，要保持和加强人际关系，还有赖于个人有意识地不断审视和调整相互之间的关系。

5. 正确调整对待挫折的态度和策略

人的一生不可能一帆风顺，在前进的过程中总会遇到困难和挫折。有人说：“一个成功者身上的创伤比失败者身上的创伤更多。”这说明成功是经历了挫折与失败之后才获得的。

挫折，是指人们在实现目标过程中遇到了障碍而产生的紧张状态或情绪反应。引起挫折的原因有客观因素和主观因素两类。例如，因发生某些意外事故使学业中断，或者教师教法不当，用方言授课，讲课的内容令人无法听懂，这种挫折是来自外部的客观因素；而由于注意力不集中影响了听课，或者想留学而托福没有过关，这是主观因素造成的挫折。

一个人遇到挫折后，就会产生挫折的体验，而这种挫折的体验同他原来理想的程度有关。一个原来期望在考试时达到100分的学生，现在达到了95分，他感到是挫折；一个原来只期望及格的学生，现在得了70分，他却感到心满意足。这就是人们平常所说的“希望越大，失望也越大”的道理。

人的挫折感也同个人的容忍力有关。有的人承受挫折的能力强，虽历尽坎坷，仍百折不挠，继续奋斗；有的人稍遇挫折，便心灰意冷，一蹶不振。人对挫折的容忍力既同身体状况有关，更同个人的心理素质，如认知水平、原有经验和意志力等有关。见多识广、眼界开阔的人，能正确认识和估量挫折的意义与分量，提高承受挫折的水平；经历过种种挫折和磨难的人，则有承受挫折的经验与信心；而意志坚强的人，承受挫折的能力更强。

人们受到挫折后，常会产生不同的反应：

(1) 攻击。攻击行为可能指向引起挫折的人或物，也可能转向其他的替代物。例如，学生考试成绩不好，起而攻击老师，这是直接的攻击。毕业生就业受挫，转而摔啤酒瓶，砸玻璃窗，这就是一种间接的攻击，啤酒瓶和玻璃窗成为攻击的替罪羊。

(2) 妥协。人们受到挫折后，如果长期保持情绪紧张和应激状态，则会引起各种心理疾病。因此，需要采取妥协退让的措施以缓解心理矛盾，减轻应激状态。这就是精神分析学说所称的防卫机制，其主要的防卫方式有：

① 文饰作用。即为个人的挫折寻求一种合乎逻辑的理由，以掩饰挫折的真实原因，维护心理的平衡。如考试不及格说成是老师评分不公，体育竞赛失败归罪于场地不好，没有朋友说成是喜欢个人自由清静，等等。实际上这是一种自欺欺人的方法，但对缓解心理压力却有一定的作用。

② 投射作用。即将个人的缺点和错误投射到他人身上，以减轻自己的心理压力。例如，考试作弊的学生认为别人也在作弊；有腐化行为的人则认为这种行为是市场开放的必然结果。“文饰作用”是为自己的挫折寻找理由，为自己的失败辩解；而“投射作用”则是否认自己的缺点，将错误归罪于别人。

③ 补偿作用。即用一种取得成功的活动来补偿遭到失败的活动。例如，数学考试失败，就用英语考试的优秀成绩来弥补，以减轻自己心理上的痛苦。

④ 转移作用。即把本人受挫的情绪转移到别的对象身上。“迁怒”就是最典型的表现。人们在受到挫折时，通过音乐、舞蹈和体育活动等发泄情绪，也是转移作用。有人在情场失意后就移情于文学创作；有的人在失去亲人以后，就献身于亲人所从事的事业。这些都属于转移作用。

⑤ 幻想作用。即对在现实中所遭受到的挫折，通过幻想来加以实现。例如，失恋以后，就幻想他(或她)重新回到了自己的身边，用幻想来弥补未能实现的愿望。

上述各种防卫方式对于降低人因挫折而产生的紧张与痛苦，防止攻击行为的产生无疑具有积极的作用。试想，鲁迅笔下的那个受压迫的农民阿Q，他无力反抗欺压他的赵太爷，如果他不用“儿子打老子”这种文饰作用为自己解脱，怎能消除精神上的伤害和痛苦。

但是，防卫方式毕竟是一种自欺欺人的办法。为了消除因挫折而产生的消极体验，采用倾诉以发泄情绪和改变情境以调节情绪是十分重要的。

（3）倾诉。即在受到挫折以后，把自己的委屈与不幸向人诉说。如同“祥林嫂”见人就诉说儿子阿毛的不幸那样，是一种发泄痛苦情绪的方法。找朋友谈心，同辅导老师谈心，也是有效地发泄痛苦情绪的方法；写日记诉说不平，或者给亲人和好友写信，诉说对挫折的体验，同样可以起到发泄情绪的作用。

（4）改变情境。在受挫折以后，为了防止攻击行为的发生和消除挫折的体验，应该使受挫折的人离开受挫折的现场，改变受挫折的情境。所以，当人们受到挫折以后，例如，考试不及格，或者发生了某种违纪行为而受到处分，这时，旁人应该对之进行安抚和感化教育，而不能再进行严厉的惩罚和训斥。否则，会激起受挫折者的攻击，也不利于挫折情绪的消除。

（5）理性作用。为了实现既定目标，消除挫折体验，必须对挫折产生的原因作客观和理智的分析，分析产生挫折的主客观因素，寻求消除挫折和实现目的的途径与方法。比如，考试不及格的学生，为了减轻自己的责任，可能责怪“出题不当”，或者“老师评分不公”，或者认为“考试时间太短”，等等。但是，当他用理智的态度对考试结果进行客观分析时，发现试题并未超出教材的范围，评分也是合乎实际的，而且，同样长的考试时间，有些同学照样获得了优秀成绩。这样就会促使他从主观上寻找原因，总结经验和教训，重新努力去争取优秀的成绩。

人们在遇到挫折时采取的防卫方式，往往因个体的文化修养与年龄不同而发生差异。有研究显示，在指向和投射这两种防卫方式上，少年与中老年得分显著低于青年期被试；在反向上，少年与中老年得分显著高于青年期被试。这一结果说明，大学生的防卫方式在向理性的方向发展。

6. 调整生活目标，既有远大的理想，又有近期的追求

人生的历程是为实现生活的理想而奋斗的过程。而理想的目标必须由不同时期可以逐步实现的目标组成。如果人只有远大的理想，而无不同时期可以实现的具体目标，就会陷入不能获得成果的失望和痛苦之中。所以，生活中既要有远大的理想作为毕生奋斗的驱动力，又要有不同时期可以实现的生活目标作为行动的追求，这样才能使人不断感受到成功的满足和快乐的体验，以保持心理健康。

同时要认识到，人人都追求圆满的生活理想，但受主客观条件的限制，人们永远不可能达到完美无缺的生活境界。人人都追求长寿，而寿命是有极限的；人人都追求自我实现，而自我实现是无止境的。世界是发展的，每个人在有限的生命过程中只能实现有限的目标。认识到这一点，就可以知足常乐，永远保持乐观的心境。

教学互动

★ 自我松弛训练

目的:引导学生学会自我松弛训练的方法,通过调节躯体状态达到调节心理的目的。

操作:要求被训练者记住指导语,或是把指导语做好录音。松弛时,找个舒适的姿势躺下或坐下,闭上双眼,不要动,让身体和精神平静下来。把记住的指导语在心里默默地念给自己听,或者是放录音给自己听。松弛训练的指导语如下。

1. 我要休息

我摆脱了一切紧张,我在放松。我感到轻松自如,我是平静的,我是平静的。我什么也不期待。我在摆脱压力和紧张,全身都轻松了。我感到轻松愉快。

2. 腿脚的肌肉放松

腿脚的肌肉放松了,腿是轻松而自如的。左腿的肌肉放松了,右腿的肌肉放松了。腿是轻松自如的。我是安静的,我是安静的。我感到温暖了。我很舒服。我已排除了一切紧张。我是非常安静的,我是非常安静的。

3. 手臂的肌肉放松

手臂的肌肉都放松了。左手手指的肌肉放松了,左臂的肌肉都放松了。肩部、前臂的肌肉都放松了。整个左手臂都放松了。右手和手指的肌肉都放松了。肩部、前臂的肌肉都放松了。整个右手臂都放松了。

4. 躯体的肌肉放松

两臂是自然下垂的。背部的肌肉放松了。胸部的肌肉放松了。腹部的肌肉放松了。放松了。感到全身都放松了。

5. 头部的肌肉放松

头颈部的肌肉放松了。面部的肌肉放松了。双肩自如地分开了,额部是舒展的。眼皮下垂,柔和地闭住,鼻翼放松了。口部的肌肉放松了。两唇微开,颈部的肌肉放松了,感到颈部是凉爽的。

6. 我已摆脱了紧张

我全身都放松了。我感到轻松自如。我感到呼吸均匀而平衡,我感到清爽的空气舒服地通过鼻孔,肺部感到舒服,我是安静的。我的心脏跳得很缓慢,我已不感到心脏跳动。我感到轻松自如。我很舒服。我休息好了。

7. 我已经休息好

我感到爽快,感到浑身轻松、舒服。感到精神倍增。我在睁眼。我想起来并立即行动。我精力充沛了。起立!

心理测试

★ **精神症状自评量表(简称 SCL-90)**

指导语：以下表格中列出了有些人可能的病痛或问题，请仔细阅读每一条，然后根据现在或最近一星期以内，下列问题影响你或使你感到苦恼的程度，在方格内选择最合适的一格，划一个钩，如“√”。请不要漏掉问题。

举例：

下列问题对你影响如何？

	从无 0	轻度 1	中度 2	偏重 3	严重 4
1. 头痛	□	□	□	□	□
2. 神经过敏，心中不踏实	□	□	□	□	□
3. 头脑中有不必要的想法或字句盘旋	□	□	□	□	□
4. 头昏或昏倒	□	□	□	□	□
5. 对异性的兴趣减退	□	□	□	□	□
6. 对旁人责备求全	□	□	□	□	□
7. 感到别人能控制您的思想	□	□	□	□	□
8. 责怪别人制造麻烦	□	□	□	□	□
9. 忘性大	□	□	□	□	□
10. 担心自己的衣饰整齐及仪态的端正	□	□	□	□	□
11. 容易烦恼和激动	□	□	□	□	□
12. 胸痛	□	□	□	□	□
13. 害怕空旷的场所或街道	□	□	□	□	□
14. 感到自己的精力下降，活动减慢	□	□	□	□	□
15. 想结束自己的生命	□	□	□	□	□
16. 听到旁人听不到的声音	□	□	□	□	□
17. 发抖	□	□	□	□	□
18. 感到大多数人都不可信任	□	□	□	□	□
19. 胃口不好	□	□	□	□	□
20. 容易哭泣	□	□	□	□	□
21. 同异性相处时感到害羞不自在	□	□	□	□	□

22. 感到受骗,中了圈套或有人想抓住您 □ □ □ □ □
23. 无缘无故地突然感到害怕 □ □ □ □ □
24. 自己不能控制地大发脾气 □ □ □ □ □
25. 怕单独出门 □ □ □ □ □
26. 经常责怪自己 □ □ □ □ □
27. 腰痛 □ □ □ □ □
28. 感到难以完成任务 □ □ □ □ □
29. 感到孤独 □ □ □ □ □
30. 感到苦闷 □ □ □ □ □
31. 过分担忧 □ □ □ □ □
32. 对事物不感兴趣 □ □ □ □ □
33. 感到害怕 □ □ □ □ □
34. 您的感情容易受到伤害 □ □ □ □ □
35. 旁人能知道您的私下想法 □ □ □ □ □
36. 感到别人不理解您、不同情您 □ □ □ □ □
37. 感到人们对您不友好,不喜欢您 □ □ □ □ □
38. 做事必须做得很慢以保证做得正确 □ □ □ □ □
39. 心跳得很厉害 □ □ □ □ □
40. 恶心或胃部不舒服 □ □ □ □ □
41. 感到比不上他人 □ □ □ □ □
42. 肌肉酸痛 □ □ □ □ □
43. 感到有人在监视您、谈论您 □ □ □ □ □
44. 难以入睡 □ □ □ □ □
45. 做事必须反复检查 □ □ □ □ □
46. 难以作出决定 □ □ □ □ □
47. 怕乘电车、公共汽车、地铁或火车 □ □ □ □ □
48. 呼吸有困难 □ □ □ □ □
49. 一阵阵发冷或发热 □ □ □ □ □
50. 因为感到害怕而避开某些东西、场合或活动 □ □ □ □ □
51. 脑子变空了 □ □ □ □ □
52. 身体发麻或刺痛 □ □ □ □ □
53. 喉咙有梗塞感 □ □ □ □ □

54. 感到前途没有希望 □ □ □ □ □
55. 不能集中注意力 □ □ □ □ □
56. 感到身体的某一部分软弱无力 □ □ □ □ □
57. 感到紧张或容易紧张 □ □ □ □ □
58. 感到手或脚发重 □ □ □ □ □
59. 想到死亡的事 □ □ □ □ □
60. 吃得太多 □ □ □ □ □
61. 当别人看着您或谈论您时感到不自在 □ □ □ □ □
62. 有一些不属于您自己的想法 □ □ □ □ □
63. 有想打人或伤害他人的冲动 □ □ □ □ □
64. 醒得太早 □ □ □ □ □
65. 必须反复洗手、点数目或触摸某些东西 □ □ □ □ □
66. 睡得不稳不深 □ □ □ □ □
67. 有想摔坏或破坏东西的冲动 □ □ □ □ □
68. 有一些别人没有的想法或念头 □ □ □ □ □
69. 感到对别人神经过敏 □ □ □ □ □
70. 在商店或电影院等人多的地方感到不自在 □ □ □ □ □
71. 感到做任何事情都很困难 □ □ □ □ □
72. 阵阵恐惧或惊恐 □ □ □ □ □
73. 感到在公共场合吃东西很不舒服 □ □ □ □ □
74. 经常与人争论 □ □ □ □ □
75. 单独一人时神经很紧张 □ □ □ □ □
76. 别人对您的成绩没有做出恰当的评价 □ □ □ □ □
77. 即使和别人在一起也感到孤单 □ □ □ □ □
78. 感到坐立不安心神不宁 □ □ □ □ □
79. 感到自己没有什么价值 □ □ □ □ □
80. 感到熟悉的东西变成陌生或不像是真的 □ □ □ □ □
81. 大叫或摔东西 □ □ □ □ □
82. 害怕会在公共场合昏倒 □ □ □ □ □
83. 感到别人想占您的便宜 □ □ □ □ □
84. 为一些有关性的想法很苦恼 □ □ □ □ □
85. 您认为应该因为自己的过错而受到惩罚 □ □ □ □ □

86. 感到要很快把事情做完	□	□	□	□	□
87. 感到自己的身体有严重问题	□	□	□	□	□
88. 从未感到和其他人很亲近	□	□	□	□	□
89. 感到自己有罪	□	□	□	□	□
90. 感到自己的脑子有毛病	□	□	□	□	□

量表简介:精神症状自评量表(SCL-90)是由我国一些心理学工作者在国外有关量表的基础上改编而成的。它适合于具有中等以上文化程度的人,尤其是大学生团体的心理健康普查工作。由于简便、实用而有价值,因此该量表被广泛地应用于心理健康测量和心理咨询中。

SCL-90共有90个询问题目,其内容涉及感觉、思维、情绪、意识、行为、生活习惯、人际关系、饮食睡眠等。这90个询问题目中隐含着10个因子,它们是:

1. 躯体化(共12题)

由第1、4、12、27、40、42、48、49、52、53、56、58题组成。该因子主要反映主观的身体不适感,包括心血管、胃肠道、呼吸等系统的主诉不适和头痛、背痛、肌肉酸痛以及焦虑等其他躯体表现。

2. 强迫症状(共10题)

由第3、9、10、28、38、45、46、51、55、65题组成。它与临床上所谓强迫表现的症状定义基本相同,主要指那种明知没有必要,但又无法摆脱的无意义的思想、冲动、行为等表现。还有一些比较一般的感知障碍(如"脑子都变空了"、"记忆力不行"等)也在这一因子中反映。

3. 人际敏感(共9题)

由第6、21、34、36、37、41、61、69、73题组成。它主要指某些人的不自在感与自卑感,尤其是在与其他人相比较时更突出。自卑、懊丧以及在人事关系方面明显处理不好的人,往往是这一因子的高分对象,与人际交流有关的自我敏感及反向期望也是产生这方面症状的原因。

4. 抑郁(共13题)

由第5、14、15、20、22、26、29、30、31、32、54、71、79题组成。它反映的是与临床上忧郁症状相联系的广泛的概念,忧郁苦闷的感情和心境是代表性症状。它还以对生活的兴趣减退、缺乏活动愿望、丧失活动力等为特征,并包括失望、悲观和与忧郁相联系的其他感知及躯体方面的问题。该因子中有几个项目包括了死亡、自杀等概念。

5. 焦虑(共10题)

由2、17、23、33、39、57、72、78、80、86题组成。它包括一些通常的与临床上明显与焦虑症状相联系的症状及体验，一般指那些无法静息、神经过敏、紧张以及由此产生的躯体征象（如震颤）。那种游离不定的焦虑及惊恐发作是本因子的主要内容，它还包括一个反映“解体”的项目。

6. 敌意（共6题）

由11、24、63、67、74、81题组成。这里主要以三个方面来反映病人的敌对表现、思想、感情及行为。其项目包括从厌烦、争论、摔物，直至争斗和不可抑制的冲动爆发等各个方面。

7. 恐惧（共7题）

由13、25、47、50、70、75、82题组成。它与传统的恐惧状态或广场恐惧症所反映的内容基本一致，恐惧的内容包括出门旅行、空旷场地、人群或公共场合及交通工具。此外，还有反映社交恐惧的项目。

8. 妄想（共6题）

由第8、18、43、68、76、83题组成。妄想是一个十分复杂的概念，本因子只包括了它的一些基本内容，主要是指想象、思维方面。如投射性思维、敌对、猜疑、虚构、被动体验和夸大等。

9. 精神病性（共10题）

由第7、16、35、62、77、84、85、87、88、90题组成。用于在门诊中迅速、扼要地了解病人的病情程度，以便做出进一步的治疗或住院等决定，故把一些明显的、纯属精神病性的项目汇集到了本因子中。有4个项目代表了一级症状：幻听，思维扩散，被控制感，思维被插入。此外，还有反映非一级症状的精神病表现，如精神分裂症状等项目。

10. 其他（共7题）

包括反映睡眠的44、64、66三题；反映饮食的19、60两题；反映死亡观念的59题和反映自罪观念的89题。此因子的59、89两题和第4因子的15题三项，综合起来可反映自杀倾向。

SCL-90评定的时间范围是“现在”或“最近一星期”。SCL-90一般采用纸笔方式进行。

SCL-90的记分规则为：选A计1分，选B计2分，选C计3分，选D计4分，选E计5分。

将因子F_1（躯体化）、F_2（强迫症状）、F_3（人际敏感）、F_4（抑郁）、F_5（焦虑）、F_6（敌意）、F_7（恐怖）、F_8（妄想）、F_9（精神病性）、F_{10}（其他）各自所包含的项目得分分别累计相加，即可得到各个因子的累计得分；将各个因子的累计得分除以其相应的项目数，即得到各个因子的因子分数——T分数；如果将各个因子分数相加，即可得到总因子分数。此外，若将整个问卷的总项目数减去选A（即代表“没有”）的答案项，还可得到反映症状广度的阳性项目数。

SCL-90测查结果的解释可以从许多角度进行。既可从整个量表（90个题目）中的阳性症状广度和总因子分数出发来宏观评定被试心理障碍的大体情况，又可从统计原理出发，对被试的某一因子得分偏离常模团体平均数的程度加以评价。

SCL-90在国内已有18～29岁的全国性常模。该常模给出了各种因子的平均数 *X* 和标准差 *SD*。一般而言，如果某因子分数偏离常模团体平均数达到两个标准差时，即可认为是异常。

在咨询中，比较粗略、简便、直观的判断方法是看因子分是否超过3分（1～5分评分制），若超过3分，即表明该因子的症状已经达到中等以上严重程度。在0～4分评分制中，若超过2分，即表明该因子的症状达中等以上严重程度。

SCL-90测验答卷得分换算如表2-1所示，正常成人SCL-90的因子分布如表2-2所示。

表2-1　SCL-90测验答卷得分换算表

因　子	所属因子的项目编号	累计得分(*S*)	*T*分数(*S*/项目数)
F_1	1、4、12、27、40、42、48、49、52、53、56、58		
F_2	3、9、10、28、38、45、46、51、55、65		
F_3	6、21、34、36、37、41、61、69、73		
F_4	5、14、15、20、22、26、29、30、31、32、54、71、79		
F_5	2、17、23、33、39、57、72、78、80、86		
F_6	11、24、63、67、74、81		
F_7	13、25、47、50、70、75、82		
F_8	8、18、43、68、76、83		
F_9	7、16、35、62、77、84、85、87、88、90		
F_{10}	19、44、59、60、64、66、89		
阳性项目数总数(90－选A的项目数)：		总累计得分：	总因子分数：

表2-2　正常成人SCL-90的因子分布

项　　目	$\bar{x}\pm S$	项　　目	$\bar{x}\pm S$
躯体化	1.37±0.48	敌意	1.46±0.55
强迫	1.62±0.58	恐怖	1.23±0.41
人际关系敏感	1.65±0.61	妄想	1.43±0.57
抑郁	1.50±0.59	精神病性	1.29±0.42
焦虑	1.39±0.43	阳性项目数	24.92±18.41

第三章　心态决定命运

——积极心态训练

他是一个冷酷无情的人，嗜酒如命且毒瘾很深，一次在酒吧里因看一个侍者不顺眼而犯下杀人罪，被判终身监禁。他有两个儿子，年龄相差才1岁；其中一个同样毒瘾甚重，靠偷窃和勒索为生，后来也因杀人而坐牢；另外一个儿子却既不喝酒也未嗜毒，不仅有美满的婚姻，养了3个可爱的孩子，还担任一家大企业的分公司经理。

在一次私下访问中，问起造成他们现状的原因，两人的答案竟然相同："有这样的老子，我还能有什么办法？"

也有两名年届70岁的老太太：一名认为到了这个年纪可算是人生的尽头，于是便开始料理后事；另一名却认为一个人能做什么事不在于年龄的大小，而在于怎么个想法。于是，后者在70岁高龄之际开始学习登山，随后的25年里，一直冒险攀登高山，就在最近，她还以95岁高龄登上了日本的富士山，打破了攀登此山的最高年龄纪录。她就是著名的胡达·克鲁斯老太太。

可见，人的生活领域本来就不是由外在的条件或环境所决定的，而是决定于习惯性占据在你内心的想法。古代伟大哲人之一的马克斯·奥雷留斯说过："人的生涯乃是由他的思想所造成的。"

所以说，重要的不是想什么，而是怎么想。

当你碰到难题时，你是先想自己做不到，还是先想自己做得到？如果先想这事太难了，自己从来没做过，肯定做不好，接下去你就能找出无数的理由证明自己的确做不到，证明自己退缩的理由是正确的，于是成功的可能性也就无缘与你相会了。相反，如果你信心十足，相信别人能做的自己也能做好，那么虽然你并不一帆风顺，但所有的失败和挫折，都是你迈向成功的台阶，你会在努力奋斗的过程中碰到许许多多你未能料想到的成功机缘。

可见，人的行为常常由心态来决定。

好心态决定正确的行为，坏心态决定错误的行为。

一、成功来自积极心态

成功是一个诱人的字眼，每个人都梦想成功。谁不想拥有健康的身体，超人的智慧，巨大的财富，美满的家庭和良好的人际关系？但是成功女神总是躲着大多数人。于是有人抱怨自己生不逢时，有人哀叹自己运气不佳，也有人觉得自己生来就不如别人，于是随波逐流，心甘平庸。那么到底具备什么样的素质才能成功呢？让我们先来看看一些成功者的例子吧！

富兰克林出身寒微。兄弟姐妹17人，他排行14，因为家境太穷，他只读了两年书便在家帮助父亲做蜡烛，12岁到印刷厂当学徒，长年一边做工一边自学。后来成为文学家、科学家、发明家、出版家、政治家、外交家和社会活动家。他后来参与起草了美国《独立宣言》。

爱迪生只念了3个月的小学。他每次考试都是全班倒数第一，而且总爱给老师提些怪问题。老师认为他生性愚钝，又调皮捣蛋，是个骚扰性的坏孩子，便把他开除了。12岁时他一边卖报卖糖果一边搞他的科学实验，以后又当过报务员。他多次被供职的公司辞退，因为人家认为他"异想天开"、"存心捣乱"。他是完全靠着自学和不断研究实验而走向知识的殿堂的。他的发明创造高达1100多项，为人类做出了伟大的贡献，我们今天的电灯等，都是得益于他的发明创造。

爱因斯坦小时候也被人看作是笨孩子。1895年，爱因斯坦报考苏黎世联邦工业大学落榜，补习一年后才考上，毕业后又无处就业。两年后，正是这个落榜者在无师自通，又远离学术中心的情况下，只身闯入物理学领域，沿着他早在16岁时对于光线的独特想象的思路，开创了难能可贵的科学研究。1905年，26岁的爱因斯坦创立了狭义相对论。他应用光的量子观念成功地说明了波动理论无法解释的光电效应。这个新的时空观念对现代科学思想产生了决定性的巨大影响，是一个科学思想的革命和飞跃。这一伟大成果使他在1921年荣获诺贝尔物理学奖。

以上几个成功者的例子说明，家境、学历甚至智商都不是成功的决定性因素。成功者往往都具有一些共同的特点：自信，主动，喜欢不受束缚地独立思考，具有寻根问底的好奇心和探索精神，敢于创新，敢于竞争和冒险，渴望胜过别人，工作起来专注而快速，情绪稳定，能控制自己，能仔细和别人交流等等。归根到底是具有积极的心态。

再来看看另外一些例子。

1909年，美国哈佛大学曾招收了几名神童入学。其中有个叫西迪斯的男孩，他11岁时所做的关于四维空间几何正边形的学术报告就是对研究生来讲也是很有水平，值得称道的。但后来由于缺乏适应力和心理承受力，又无远大理想，他长大后没有什么发展，只谋得一个可以糊口的普通计算员的职位。与他同时入校的诺伯特·维纳由于心态积极，不断努力而成为控制论的创始人。

1991年，在美国，一个中国留学生卢刚因认为自己在论文答辩中受到不公正待遇而用手枪一连杀害了四五个有关教授学者，然后自杀，这一事件在当时曾震惊中美两国,也引起了一场关于中国教育弊端的讨论。2004年,云南大学学生马家爵因一件小事和室友发生口角,继而残忍地杀害4名同学。三年后,美国弗吉尼亚理工大学学生赵承熙因长期的自我封闭,形成了对他人的仇恨,枪杀了32名学生并自杀身亡。马家爵和赵承熙惨无人道的极端行为,受到了正义的惩罚,付出了自己生命的代价。

仅仅因为在学业上遇到一点挫折就自暴自弃,自寻绝路,多么可悲!他们的智力因素是合格的,而非智力因素却是不合格、不健康的。可见不成功的原因正是缺乏积极的心态。

拿破仑·希尔的成功法则十七条中,把"积极心态"放在第一条。积极心态,能将个人一切潜在的魅力,借着人与人之间的感应,吸引他所接触的人,扩大自己的社交圈,增加事业成功的机会。

如果把积极心态比做一种资源,这种资源有两大特性:

(1) 不讲条件。乐观、进取、勇于尝试等等,是不需要讲条件的。不论你身处何等恶劣的环境,遇到何等难堪的事情,都有可能继续保持积极的心态。环境和遭遇对人的心态有直接的影响,但是,你仍然拥有是消极逃避还是积极应对的抉择权。

日本最著名的推销员原一平,在刚走上推销岗位的头7个月,没有拉到一分钱保险,当然也拿不到一分钱薪水,只好上班不坐电车,中午不吃饭,每晚睡在公园长凳上。但他依旧精神抖擞。每天清晨5点左右起来后,就从这个"家"徒步去上班。一路走得很有精神,有时还吹着口哨,还热情地和人打招呼。有一位很体面的绅士,经常看见他这副模样,很受感染,便与他寒暄:"我看你笑嘻嘻的,全身充满干劲,日子一定过得很痛快啦!"并邀请他吃早餐,他说:"谢谢您!我已经用过了。"绅士便问他在哪里高就。当得知他是保险公司推销员时,便说:"那我就投你的保险好了!"听了这句话,原一平猛觉"喜从天降"。原来这位先生是一家大酒楼的老板,他不仅自己投保,还帮原一平介绍业务。从此,原一平彻底转运了。

照一般人的看法,原一平当时那样的状况,是最没有资格充满朝气和喜悦的。在那种恶劣的生存环境里,他有足够的资格自怨自艾;怪父母没有给自己好的条件,怪命运不公,怨社会冷漠,后悔选择了这份工作,甚至怀疑自己是不是一个没用的人。但他没有这样,而是照样精神抖擞地迎接每一天,照样热情友善地对待每一个人。积极心态本藏于每个人内心,你可以随时决定要不要。

(2) 越用越多。积极心态这种内在的资源只要你去使用,它能源源不断再生。随取随有,再取再有,而且越用越多。与此相反的是负面心态。对于一个早上出门工作的推销员来说,负面心态不仅不能让他愉快地投入工作,反而会制造敌人、失去顾客;有负面心态的律师在踏进法庭的时候,将会发现法官甚至书记员、证人都在和他作对，虽然法庭调查的事实对他是有利的；医生如果以负面心态对待病人，他对病人的伤害要比给予病人的好处更大。所以，我们必须要牢记：面临低谷、遭遇挫折，如果你不是习惯于逃避，而是永远微笑面对，积极行动，你的内心就会生成更多的自信，你就能生活得更轻松、更快乐，你就更受人欢迎、被人尊敬，你的行动就会更积极、更富有成效。

一个人行动的力量，主要来自内在。只要首先从自己的内心找到力量，任何外在的困难都不难克服。真正从内心想要成功的人，挡都挡不住。

孙中山留学归来，途经武昌总督府，想见湖广总督张之洞。他递上"学者孙文求见之洞兄"的名片，门官将名片呈上。张之洞很不高兴，问门官来者何人，门官回答是一儒生。张总督拿来纸笔写了一行字，叫门官交给孙中山：持三字帖，见一品官，儒生妄敢称兄弟，这分明是瞧不起人。孙中山只微微一笑，对出下联：行千里路，读万卷书，布衣亦可做王侯。张之洞一见，不觉暗暗吃惊，急命大开中门迎接这位风华正茂的读书人。

对这样的追求成功者，或许会遇到各种各样的障碍，也会有各种各样的挫折，但是什么样的障碍和挫折能抵挡他创建伟业呢？

缺乏行动力的人，必定有一种习惯，向外部环境寻找安于现状、逆来顺受的借口。消极分析机遇，不相信未来是靠今天的努力创造的。缺乏行动力的人必定难做成一件事，这样的人会有一个"自圆其说"的逻辑：不是我不想去做，而是我肯定做不了、做不好。在这种逻辑下，他连去试一试的念头也被扼杀。

《圣经》中有个人物叫约拿，由于躲避自己的使命而受到上帝的惩罚。心理学家马斯洛认为人有一种奇怪的心理，名之为"约拿情结"。不仅躲避自己的低谷，也躲避自己的高峰。不仅畏惧自己最低的可能性，也畏惧自己最高的可能性。"约拿情结"进一步发展，就是"自毁情结"。面对机会、成功、幸福等好的东西时，总是浮现"我不配"、"我承受不了"、"这种好事肯定轮不上我"、"弄不好要被人家耻笑"的念头。

"让我试试看！"这句话代表积极心态，代表行动力，是所有可能走向成功之路的人的常用语，是成功者的标识。

二、清除垃圾观念是建立积极心态的前提

一个人之所以会成功，是因为他的思想和别人不一样。成功是一种结果，并不是真正的原因，真正的原因是他的想法。要让想法产生结果，就要通过具体行动。成功与失败最重要的差异，就在于行动的方式。要改变行动的方式就要改变思维的模式。每当我们决定要做一件事时，只凭借自己的观念在做决定。一个人的行

为跟他的价值观及信念有绝对的关系。假如你觉得身体很重要,你会设立一些健康的目标,会开始做一些促进健康的事情;假如你觉得财富很重要,你会想办法赚更多的钱,去积极地行动让自己致富;假如你觉得朋友最重要,在你面临抉择时,通常你会选择朋友。所以要真正改变一个人的行动,就必须改变他的价值观,改变他的信念。

思想观念是人类认识世界、改变世界的工具。但思想观念不是十全十美、一成不变的。有很多思想观念随着时代的进步,已经落伍了。但某种思想观念退出历史舞台要花几十年,甚至上百年的时间。所以在我们的成长过程中,不分青红皂白地接受了许多狭隘的落后的观念,并视为理所当然,完全忽略这些观念对生活的影响有多大。"我不够好"、"我不太聪明"、"我运气不好"、"别人都不喜欢我"、"这辈子我完了"等等,这些想法深深影响了我们。许多痛苦、恐惧、煎熬都是受了这些自我设限的消极观念的残害。这些消极观念藏在潜意识里,躲过审核。试想一个人如果认为自己很笨,面对难题,他会以"反正我学不会"为借口而搪塞过去。他不会觉得自己该对"学不会"负责,因为他觉得"学不会"的原因是他无法控制的遗传,而不是个人不努力的结果,最后他真的学不会。相反如果一个人自认聪明能干,他是不会容忍逃避困难的。因为这样会损害他的自我形象,是对自我的否定。同样,一个人如果抱有"别人都不喜欢我,所以我再怎么努力也不会受人欢迎"的想法,他就不会检讨自己的行为方式,不会积极改善和他人的关系。他就会怨天尤人,埋怨别人不理解他,埋怨他遇到的一些不可理喻的人。而不是以自我负责的态度去从改变自己做起,以改变境遇。结果他真的处处不受人欢迎,所以阻碍我们成功的罪魁祸首正是这些垃圾观念。

要改变这些观念,需要决心、毅力和勇气,需要仔细地检讨和修正自己的世界观和人生观。许多人常犯的一个大错误,认为只要肯定自己的需要是什么,一切就会从天而降。他们不知道必须先铲除心中自我设限的意念,外在行为是思想观念的呈现。除非我们彻底理解那些自我设限的理念,并加以纠正,否则这些东西永远是脑中的毒瘤,阻碍我们开创新生活。在相信我们可以过得比较富裕之前,必须先排除没钱可赚的想法。想爱自己,必须先排除自己不够好等否定自我的想法。总之,培养新的精神信仰,必须先放弃旧的观念。

有个故事足以说明这个原则。

一个高傲的禅学者去拜访一个禅宗大师,想向他学习如何冥想。师父请学者喝茶,学者立刻唱起独角戏,高谈禅理。师父耐心地听了一会儿,然后问学者要不要喝茶。学者应允,师父开始把茶倒进学者的杯子里。杯子满了,师父却没有停下来,茶水溢满了桌面,弄湿了学者,学者生气地责问师父。师父平静地回答说,你的杯子满了,没有空间可以装茶。

师父的意思是说，学者脑中装满了先入为主的观念，没有空间容纳新思想。就好像田地里杂草越多，禾苗就越难生长一样。只有彻底抛弃旧观念，健康的思想才会茁壮成长。

虽然抛弃熟悉的旧的消极观念是一件痛苦的事，但如果能够洞察取代消极观念的是什么，了解新的积极观念带来的种种好处，我们会心甘情愿地抛弃旧思想、旧感情的包袱以及其他垃圾。看得越清楚，就越受吸引，就不会执著于那些自我设限的老观念。

三、警惕三种危险的心态

无聊、焦虑和过分自信这三种危险的心态，常常影响着人们的决断，我们不能不提高警惕。

一个人无聊的时候，千万不要去决断一件事，更不能去决断自己的一段人生。因为此时，无聊的心态会如饥似渴地寻新求异，其决断往往是错误的。

有一个女性与一个已婚男人私奔，男人年龄比她大一倍。这个女孩既没有如花似玉的容貌，也没有高明的手腕，她根本无法驾驭情夫的心。在分手之后她备感凄凉，深深地悔恨。回到家中她对父母说："当时，我太空虚无聊了，其实，我根本不爱他。"这个女孩的决断之所以错误，就在于她想去寻求刺激，她无聊的心态使她不顾一切地做出了疯狂的蠢事。

斯宾诺沙说："心灵具有不正确的观念愈多，则它便愈受欲望的支配，反之，心灵具有正确的观念愈多，则它便愈能自主。"

一个人焦虑的时候，也不可能会有正确的决断。

"草木皆兵"的成语讲述的就是焦虑者的决断。一个人内心焦虑，就会把一草一木都判断成军队。

焦虑的人总是夸大生活中的危险，使判断力变得脆弱。他们往往看不清事情的来龙去脉，总是忧心忡忡、畏畏缩缩。因此，只有战胜内心的焦虑，才能做出准确的决断。

春秋时，孔子周游列国，在陈国和蔡国交界的地方陷入了缺粮少饭的困境。孔子的得意门徒颜回从外面讨来一些米，赶紧给老师做饭。在饭刚刚做好的时候，孔子无意中瞥见颜回偷偷把一把饭放进嘴里，孔子心里很不高兴。他没料到自己最喜欢的学生竟在这困难的时刻先想到自己，他感到有些失望和不满。但是孔子并没有被焦虑的情绪所控制，他仍保持着一种平和的心态。饭端上来后，孔子并没有马上吃，而是对颜回说："刚才我睡觉的时候，梦见自己的先人了，我现在要用这洁净的饭祭祀先人。"不料，颜回赶忙劝阻说："这饭不能祭祀先人，它不干净。饭刚熟时,有灰土掉进了饭中,我没舍得扔,就把脏饭先抓出来吃了。”孔子这才知道是错怪了颜回。他对弟子们感叹道:“我原来是相信自己的眼睛的,现在看来不能完全相信了。我原来是依赖自己头脑的,现在看来也不能完全依赖了。你们要记住,真正理解人是很难的。”

孔子不愧为一个圣人,亲眼所见的事情也未能让他陷入焦虑之中,正因如此,他才能想出办法进一步去认识问题,最后对颜回做出了正确的判断。

有时,我们做出错误决断的原因就在于过分自信。

有一个英国青年,名字叫约翰·库姆·特拉弗德,他在蒙特卡罗碰上一连串好运。他走进赌场时只想赌 200 法郎(当时的 200 法郎相当于现在的 40 美元),他原本做了输钱的准备。他真正想要的只不过是可以对人们说,他也到过欧洲最大的赌城,玩过轮盘赌。

他在大厅门口停了一会儿,看到厅内全是衣着入时的人。此时,他瞥见一个妩媚迷人的姑娘,孤身一人,仪态端庄,坐在一张绿色的轮盘赌桌旁,故意避开他的目光。他决定给她留下一点儿深刻印象。当时天刚傍晚,没有人下大赌注。特拉弗德原来的想法是一开始只赌一点儿小钱,但他一冲动,把 200 法郎全都押在 8 上。这笔赌注远远算不上豪赌,却足以吸引大家的目光。在轮盘旋转时,他已准备显露出一点儿遗憾的表情,然后漫不经心地耸一耸肩。他觉得,当赌场管理员用耙子收钱时,这是最恰当的表情。他可以神态优雅地损失 200 法郎,只求赢得美人一笑,为与她交谈搭一座桥。

他甚至没看旋转的轮盘,只听到球掉进洞后咕噜咕噜的滚动声。赌场管理员拖着长腔叫道:“嘿,二加黑!”一两秒钟后他才意识到赢了。一大堆筹码被推到他面前,他的 200 法郎赌本足足增长了 35 倍,相当于 7000 法郎。他拿起一个 20 法郎的筹码,抛给了管理员。管理员谢过后,他看了看那个姑娘,朝她笑了笑。

她也报以微笑。没过多久,他们就交谈起来。特拉弗德的法语不好,花了很多精力遣词造句,没有注意旋转的轮盘。突然赌桌旁一阵骚动,那个姑娘发出一声惊叫。他一回头,不禁惊呆了。原先的 200 法郎赌本又押在 8 上,轮盘也再次转到 8 上。在 5 分钟内,经过两次轮盘赌,他赚进了 14000 法郎,相当于 2800 美元!

他是一个收入中等的人,因为连赢两场而大感震惊。姑娘说:“你必须接着玩——你手指把握着运气。”于是,他们一块儿站在桌旁,一连玩了 4 个小时,沉浸在连连得手的兴奋中。最后,他赚得盆满杯盈,“让银行都破了产。”也就是说,那桌的轮盘突然停止旋转时特拉弗德发现自己赚了整整 11 万法郎。

他兴高采烈地停了手,因为他不想拿冒险赢来的钱下更大的赌注。他离开赌场时口袋里装满了钱。姑娘陪着他,一起朝下榻的旅店走去。他按照姑娘的建议,走了一条近道,他全神贯注地与姑娘谈话,没想到两个男人突然从黑暗的小巷中钻出，紧紧跟着他们，其中一人用大棒猛地向他打去。等他醒来后，钱和姑娘全都消失得无影无踪。他因为脑震荡在医院里躺了整整两个星期。在病中他从警察那里获悉，那个漂亮姑娘是抢劫团伙的成员。如果有人独自去赌场，碰巧赢一大笔钱，他们就设下圈套，把他洗劫一空。

他的赌运太好了，以至于过分自信。过分自信不仅使他对这个女孩丧失了判断力，而且对周围一切都丧失了判断力。否则，我们完全有理由相信他会倍加小心。或许他会把钱存在赌场的附设银行里，或者改乘一辆出租车，或者走一条灯光明亮的大道。但是，当时他已经没有了判断力，他沉浸在飘飘然的得意之中，而抢劫团伙正是利用了他这一弱点。

所以，人们常说“得意忘形”，意思就是一个人在过分自信和得意的时候，往往就是判断力最弱的时候。

《北京晚报》也曾报道了这样一则消息：四川省崇州市的一位考生，考取了538分的成绩，超出了重点线十多分。他难以控制自己兴奋的心情，与表弟一起驾驶摩托车一路狂奔，结果，不知什么原因，撞向了路旁一棵碗口粗的树上，当即连人带车栽进了路边的水沟里。他因颅内受伤严重，抢救无效死亡。表弟颅骨骨折，深度昏迷。这个悲剧发生的真正原因，就是这位考生得意忘形，被胜利冲昏了头脑。他对自己的车速失去了判断力，完完全全丧失了理智，只沉浸在喜悦的心情之中。

因此，我们一定要牢记古罗马的一句格言：看到众神在微笑，走路就得倍加小心。

四、大学生常见的问题想法

（一）对自我

（1）我个子矮，别人肯定瞧不起我；

（2）我长得不漂亮，肯定没人喜欢我；

（3）我没有一点长处，真是没用；

（4）我家境贫寒，根本找不到自信；

（5）我从未当过班干部，说明我没有这方面的能力；

（6）我不敢在众人面前说话，我是个胆小的人；

（7）我最怕写作文，所以我天生缺乏写作才能。

换一种想法：个子矮又不是我的错，是父母给的遗传，父母也有道理，让我行动灵活，节约能量。长得不漂亮，所以我朴实，别人愿意与我交往。长处短处是相对的。贫寒给我奋进的动力。领导能力，没试过怎么知道。我在某某方面很胆大，不敢在众人面前讲话是因为这方面经历少。写作文不用怕，怎么想就怎么写，写多了写作能力就提高了。

(二) 对人际交往

(1) 我必须与周围每个人搞好关系;

(2) 应随时随地防备他人,言多必失;

(3) 接受别人的帮助,必须立即予以回报;

(4) 人都是自私的,不可信任的;

(5) 我是善良的,别人都应该对我好;

(6) 只有顺从他人,才能保持友谊;

(7) 别人对我好,是想利用我或占我便宜;

(8) 有些人自私、自利、斤斤计较,他们应该受到指责和惩罚,我不能与他们来往;

(9) 朋友之间应该坦诚,所以不应有保密的事;

(10) 如果有一人对我不好,说明我的人际关系有问题;

(11) 应随时思考别人是否有兴趣与我交往。

换一种想法:我热情大方友善乐观,与周围人的关系自然不会差。给人一份信任,别人就会还一份信任给你。真心给你帮助的人,看到你高兴就满足了,其实并不期待什么回报。立即回报,好像承受不起(不愿承受)别人的帮助似的。世上还是好人多,人心都是肉长的。我努力对别人好,别人对我怎么样,那只能由他决定。相互理解相互尊重,友谊才能长久,有不同意见就直说正是做朋友的责任。所有对我好的人我都心存感激,当然我能区别真好还是假好。自私自利的人很可怜,他得到不该得的利益时,其实已经失去很多。再好的朋友也有难以启齿的事。最好是人人都对我好,做不到也勉强不得。应经常反省自己是否可以做得更好。

(三) 对挫折

(1) 一旦这种事情(如退学、失恋、受处分等)发生在我身上,那我的一切就完了;

(2) 与其冒失败的危险,还不如不干;

(3) 我从来没有失败过,失败一定非常可怕,我会受不了;

(4) 别人的看法是非常重要的,一旦失败,外界一定会议论纷纷;

(5) 人只能成功不能失败,失败就是弱者;

(6) 任何事情,只要去做,就应该做得彻底而完美;

(7) 一个人犯了错误,有了污点,那么一辈子也无法抹掉。

换一种想法:如果我是一个十佳学生就好了。大胆尝试才知道能不能成功。

多经历几次失败,我会更成熟。虽然失败,曾努力,重在参与。失败者,成功之母。事有轻重缓急、大小远近,追求完美,不可能是任何事。谁也免不了犯错误,区别在于能否从错误中获得智慧,不再犯同样的错误。

换一种想法还有一个更有意义的角度,那就是:如果你习惯以自己的标准看待他人,你就试着站在他人的角度看看自己;反之,如果你习惯以他人的标准衡量自己,那你就试着找找自己的长处、自己的优势,再拿它去看看别人。认识自己与认识他人是密切相关的统一体。我的意思是,只用一种角度看自己和看别人都不一定是正确的,理性的、高妙的、有益的想法,必来自"知己知彼",必来自"将心比心"。

有的人只看到他人的长处,看不见自己的长处,或者觉得自己的长处是无足轻重的、暂时的,别人的长处却是实在的、重要的。这就会导致自卑,自卑的人自尊心特别容易受伤害。也有人是看不见他人的长处,只对自己的长处洋洋得意,出口就自吹自擂、贬低他人,这叫做自傲。自傲的人伤了别人他却不知道,他不明白为什么自己不受欢迎,越不受欢迎,他就越傲,最后就变成了"另类"。其实,人人都是父母生的,谁也不必自卑,不必自傲,谁都是有血有肉有尊严、有优点长处、也有缺点短处的独一无二的具有创造美好未来的、无穷潜力的人类的一分子。

五、成功者应有的信念

(一)我是最棒的,我一定会成功

有人曾经做过这样一个实验:他往一个玻璃杯里放进一只跳蚤,发现跳蚤立即轻易地跳了出来。再重复几遍,结果还是一样。根据测试,跳蚤跳的高度一般可达它身体的400倍左右,所以说跳蚤可以称得上是动物界的跳高冠军。

接下来实验者再次把这只跳蚤放进杯子里了,不过这次是立即同时在杯上加一个玻璃盖,"嘣"的一声,跳蚤重重地撞在玻璃盖上。跳蚤十分困惑,但是它不会停下来,因为跳蚤的生活方式就是"跳"。一次次被撞,跳蚤开始变得聪明起来了,它开始根据盖子的高度来调整自己所跳的高度。再一阵子以后呢,发现这只跳蚤再也没有撞击到这个盖子,而是在盖子下面自由地跳动。

一天后,实验者开始把这个盖子轻轻拿掉,跳蚤不知道盖子已经拿掉了,它还是在原来的这个高度继续地跳。

三天以后,他发现这只跳蚤还在里面跳。

一周以后发现,这只可怜的跳蚤还在那个玻璃杯里不停地跳着——其实它已经无法跳出这个玻璃杯了。

现实生活中,是否有许多人也过着这样的"跳蚤人生"呢?年轻时意气风发,屡屡去尝试成功,但是往往事与愿违,屡屡失败。几次失败以后,他们便开始不是抱怨这个世界的不公平,就是怀疑自己的能力,他们不是不惜一切代价去追求成功,而是一再降低成功的标准——即使原有的一切限制已经取消。就像刚才的“玻璃盖”虽然已经不在了,但他们早已经被撞怕了,不敢再跳,或者已经习惯了,不想再跳了。人们往往因为害怕去追求成功,而甘愿忍受失败者的生活。

难道这只跳蚤真的不能跳出这个杯子吗?绝对不是。只是它的心里面已经默认了这个杯子的高度是自己无法逾越的。

让这只跳蚤再次跳出这个玻璃杯的方法十分简单,只需要拿一根小棒子突然重重地敲一下杯子;或者拿一盏酒精灯在杯底加热,当跳蚤热得受不了的时候,它就会跳了出去。

人有些时候也是这样。很多人不敢去追求成功,不是追求不到成功,而是因为他们的心里也确认了一个“高度”,这个高度常常暗示自己的潜意识:成功是不可能的,这个是没办法做到的。

“心理高度”是人无法取得伟大成就的根本原因之一。

要不要跳?能不能跳过这个高度?我能不能成功?能有多大的成功?这一切问题的答案,并不需要等到事实结果的出现,而只要看看一开始每个人对这些问题是如何思考的,就已经知道答案了。

不要自我设限。每天都大声地告诉自己:我是最棒的,我一定会成功!

(二)我是一切的根源

“ABC情绪理论”认为:我们的情绪主要根源于我们的信念以及我们对生活情境的评价与解释。

有两个秀才一起去赶考,路上他们遇到了一支出殡的队伍。看到那一口黑糊糊的棺材,其中一个秀才心里立即“咯噔”一下,凉了半截,心想:完了,直触霉头,赶考的日子居然碰到这个倒霉的棺材。于是,心情一落千丈,走进考场,那个“黑糊糊”的棺材一直挥之不去,结果,文思枯竭,果然名落孙山。

另一个秀才也同时看到了,一开始心里也“咯噔”一下,但转念一想:棺材,棺材,噢!那不就是有“官”又有“财”吗?好,好兆头,看来今天我要鸿运当头了,一定高中。于是心里十分兴奋,情绪高涨,走进考场,文思泉涌,果然一举高中。

回到家里,两人都对家人说:那“棺材”好灵。

正如叔本华所说:事物的本身并不影响人,人们只受对事物看法的影响。

我们可能无法改变风向,但我们至少可以调整风帆。我们可能无法左右对事物的看法,但我们至少可以调整心情。

无数事实告诉我们:一切结束的根源常常不是事物的本身,而是有权对该事物作出不同评价与解释的我们自己——我是一切的根源!

让我们不再报怨，因为我是一切的根源！

（三）我是我认为的我

有个女孩，总觉得自己不讨男生喜欢，有一点自卑。

一天她偶尔在商店里看到一支漂亮的发卡，当她戴起它时，店里的顾客都说漂亮。于是她非常高兴地买了下来，并戴着它走回学校。接着，奇妙的事情发生了，许多平日不跟她打招呼的同学，纷纷来跟她接近，男孩子也约她出去玩，更有不少人向她表示好感，原来死板的她似乎一下子变得开朗、活泼多了。

这位女孩心想，都是因为她戴了这支奇妙的发卡，随即她想到店里似乎还有很多其他样式的发卡，应该再去买来试试。于是有一天放学后，她立即跑到那个商店。岂知店老板笑嘻嘻地对她说："我就知道你还会回来拿这个发卡。我早就发现它躺在地上时，你已经上学去了。所以暂时替你保管了。"

这时她才发现其实她根本就没有带什么神奇的发卡。

可见：

有什么样的自我期望，自然就有什么样的信念；

有什么样的信念，你就会选择什么样的态度；

有什么样的态度，你就会有什么样的行为；

有什么样的行为，你就会有什么样的结果。

因此：

要想结果变得更好，先让行为变得更好；

要想行为变得更好，先让态度变得更好；

要想态度变得更好，先让信念变得更好；

要想信念变得更好，先让自己选择更好的自我期望。

（四）没有失败，只是暂时没有成功

一生有1000多项发明的爱迪生在发明灯丝的过程中，曾试用了1600种材料都失败了，有人讽刺他说："听说你又失败了？"爱迪生说："不是失败了，是我已经证明有1600多种材料不适合做灯丝。"

一度片酬高达5000万美金的好莱坞巨星史泰龙，年轻的时候在好莱坞跑龙套，一天只能挣一美金。为了生活后来他又到拳击馆去当陪练，每次都被打得鼻青脸肿。后来，他立志要当影星，于是四处自我推销，被人拒绝1850次仍没放弃。最后，他终于在电影《洛基》中担任主角。从此，一炮走红，并成为"自我超越、顽强拼搏、个人奋斗"的美国精神的象征。在史泰龙的眼里，这个世界上没有失败，只是暂时没有成功。

肯德基快餐店的老板是山德士上校，65 岁开始创业。起初他是向人推销他的炸鸡秘方，目的是为了拿点现金作创业资本或占点股份赚份收入，没想到，推销了 1029 次都没有卖出去！最后，被逼无奈，只好干脆自己创业。因此，就有了今天的肯德基神话。在山德士上校的眼里，这个世界上没有失败，只是暂时没有成功。

可见，在成功者的字典里，没有“失败”二字，只有“暂时没有成功”。

（五）过去不等于未来

曾有人问三个工人：“你们在做什么？”

第一个工人说：“砌砖。”

第二个工人说：“我正在做一件每小时能赚 9 美元的工作。”

第三个工人说：“我嘛，我正在建造世界上最大的教堂。”

后来，第一个工人当了一辈子建筑工人，第二个工人做了小商人，第三个工人则成为一家大建筑公司的老板。

三个人对自己平凡的工作各自有着不同的心态。第三个工人对自己的工作充满热情，认为自己的工作虽然普通，但十分伟大。而其他两人，则认为自己的工作不重要、没意义，只是赚钱吃饭。抱着这样的态度，平凡的工作对他们来说只是苦役，他们的人生也会黯淡无光。

正如决定今天“技巧”高低的不是今天，而是昨天对待技巧的态度；决定明天“技巧”好环的不是明天，而是今天对技巧的态度。我们的今天是由过去所决定的。而我们的明天则不由过去决定，是由今天所决定的。

过去不等于未来。

过去的成败，只代表过去，未来要靠现在。过去成功了，不等于未来会成功，过去失败了，也不等于未来就要失败。成败都不是结果，它只是人生过程的一个事件。人生最重要的不是你从哪里来，而是你要到哪里去。不论过去怎么不幸，如何平庸，都不重要，重要的是你对未来必须充满希望。只要你对未来保持希望，你现在就会充满力量。

现在就作一个决定：明天，我想成为什么样的人。

（六）命运在自己手里

一个人去拜会一位事业上颇有成就的朋友，闲聊中谈起了命运。

他问：“这个世界到底有没有命运？”

朋友说：当然有啊。

他再问：“命运究竟是怎么回事？既然命中注定，那奋斗还有什么用呢？”

朋友没有回答他的问题，但笑着抓起他的手，说不妨先看看手相，给你算算命。

朋友给他讲了一通生命线、爱情线、事业线诸如此类的话，突然，对他说："把手伸给我，照我的样子做一个动作"。朋友的动作就是：举起左手，慢慢地且越来越紧地抓起拳头。

朋友问：抓紧了吗？

他有些迷惑，答道：抓紧了。

朋友又问：那些生命线在哪里？

他机械地答道：在我手里呀。

朋友再追问：请问，命运在哪里？

如当头一棒喝，他恍然大悟：命运在自己的手里。

（七）说"我行"、"我能"

世界著名的学者爱默生说过一句名言："相信'能'的人就会赢！"这句话为许多成功人士的经历所证实。相信能的人，就会信心百倍，坚定不移，排除万难去达到目标，去争取胜利。相信不能的人，就会灰心丧气，停足不前，不去努力，等待失败。这是因为，我们的头脑就像一个"思想工厂"。工厂里每天都生产数不清的想法。头脑工厂的思想生产由两位总管把握，一位叫"胜利"先生，一个叫"失败"先生。"胜利"先生主管主动积极的思想产生，他不断产生出光明的、向上的、积极的、肯定的、鼓舞人上进、成功的思想，他不断提出你能够做某件事，能做好某件事，能取得成功，他不断提醒并为你证明：你能，你行，你可以成功，你一定会胜利！另一位总管叫"失败"先生，他主管生产消极的、反面的、否定的思想。他不断产生"你不行"、"你不能"、"你一定失败"的思想，他不断对你提出"这事不能成功"、"那事会失败"、"你没能力"、"没水平"、"不能做某件事"的理由，他总是对你说：你不行，你会失败！

两位先生对你都十分恭顺，他们随时以你的意志为转移。你只要给他们一个微弱的信号，他们就会马上行动，为你产生出思想来。如果你发出积极肯定的信号，胜利先生就跨前一步，开始工作，为胜利的到来努力贡献。如果你发出消极否定信号，失败先生就会抢先为你服务，积极为你提出种种消极的行动理由，帮你"失败"。例如，你对自己说："今天真糟糕！"失败先生马上会为你找出种种糟糕透顶的事例来："天气太热，太阳真毒，同事太冷淡，环境太吵闹，开水太烫，身体也快生病……"这天，你就真会糟透！假如你说："不错，今天运气好！"胜利先生就马上会告诉你："不错，天气好极了，晴朗美妙；生意顺利，儿子可爱，身体健康，前途无量……"

为了你的进步，你的成功，你是不需要失败先生的。不需要他在你耳边无休止地说你这也不行，那也不行，这会失败，那会失败。失败先生决不能帮你达到成功的目的。因此，应该坚决开除"失败"先生，把"失败"先生踢出去！

你必须百分之百地依靠“胜利”先生。一切想法进入你的头脑时，只让“胜利”先生为你工作。胜利先生就会指导你取得胜利，取得成功！

所以，遇事你一定要说“我能”、“我行”。

牢记：我能！我行！

说“我能”、“我行”，你的大脑，你的心里，就会从“能”、“行”上思考问题，找出措施，拿出行动，你就会信心百倍地为“能”、“行”达到胜利的目标，获得成功。

（八）把握今天，立即行动

中国共产党创始人之一的李大钊曾撰文指出：“我以为世间最可宝贵的就是：‘今’，最易丧失的也是‘今’”。他还引用哲学家耶曼孙的话说：“昨日不能捉回来，明天还不确定，而最有把握的就是今日。今日一天，当明天两天。”我国《四库全书》的《文氏五家诗》卷九，选载了两首很有名的诗，一首叫《今日诗》，一首叫《明日诗》。

《今日诗》这样写道：

“今日复今日，今日何其少，今日又不为，此事何时了？人生百年几今日？今日不为真可惜。若言始待明朝至，明朝又有明朝事，为君聊赋《今日诗》，努力请从今日始！”

“努力请从今日始，”这句诗写得很好。一个人的人生，其实是“过去—现在—将来”这三种基本的时间形态。过去是逝去的现在，将来是将至的现在，介于过去和将来中间的是实实在在的现在。把“过去—现在—将来”的人生时间形态具体化，就是“昨天—今天—明天”。昨天已经过去，明天还未到来，只有今天最为现实，最具体，最容易把握。谁要想补昨天之过，创明天之功，就必须通过今天的努力。要想今天胜过昨天，明天又胜过今天，也必须在今天努力。虚度今天，就是毁了昨天的成果，丢了明天的前程。一个人不抓住今天，就等于丧失了明天，因为当明天到来的时候，明天就转化为“今天”了。所以，今天最有潜力，最有价值，最好把握。只有今天，才能揭示人生的意义，只有今天，才能描绘想象中的“明天”的画卷。“努力请从今日始”，应该成为我们行动的格言。从巨大潜能自我开发的角度讲，今天，是巨大潜能自我开发的最佳时机，我们只有抓住今天，树立“今天一定成功”的坚定信念，拿出今天马上行动的实际努力，我们才能很好地开发自己巨大的潜能，才能迅速地成功成才。

世上有许多人，他们也想成功，也想成才，也有宏伟计划，可他们总是把握不住今天，没有确立“今天一定成功”的信念，他们以种种理由，把今天应该做的事，推到明天，总是说：“明天吧。”晚上有一场好球赛，读书留到明天吧！星期天刚坐下来读书，朋友来约去聚会，机会不能错过，明天再补吧！这正如《明日诗》中所写的那样：

“明日复明日，明日何其多！日日待明日，万事成蹉跎。世人皆被明日累，明日我穷老时至。晨昏滚滚水东流，今古悠悠日西坠。百年明日能几何……”

今天等明天，明天还等明天，像这样日复一日，年复一年地拖到“明天”，我们怎能有所作为？怎能成功成才呢？

英国作家巴利写过一个短篇小说《我丈夫写书》，对那种不抓住今天采取行动而在虚构的幻境中空想空谈的人，作了惟妙惟肖的描述。小说是以第一人称写的，小说写道：“我跟乔治结婚之前，早就知道他是个雄心勃勃的人，那时我们还没有订婚。他就把心底的秘密告诉了我：他要写一本大部头的著作，书名叫《伦理学研究》。”

“‘不过，我还没动手，’乔治习惯地说‘明天，如果没有别的事，我明天就写！’”

“又过了一阶段，我问到乔治书的进展情况，乔治又习惯地说：‘明天，哦，或者等冬天一到，我就动手，我每天晚上坚持写！’”

小说最后写道，结婚五年了，可书呢，乔治还没有起头。

我们很难断定，乔治是否具有写书的天赋，但是，如果没有实际行动，没有“今天马上行动”、“今天一定成功”的信念，只是像乔治那样把目标挂在口头上，那是决不会有结果的。诸如“明天”、“以后”、“过几天”、“到冬天”这些词，往往是“失败”的同义词。

所以，俄国著名作家屠格涅夫曾写过这样的名言：“‘明天，明天，还有明天’，人们都这样安慰自己，殊不知，这个‘明天’就足以把他们送进坟墓了。”著名教育家苏霍姆林斯基在给儿子的一封信中也指出：“‘明天’，是勤劳的最危险的敌人，任何时候都不要把今天该做的事搁置到明天。而且，应当养成习惯，把明天的一部分工作，放到今天做完。这将是一种美好的内在动因。它对整个‘明天’都有启示作用。”

一切成功成才的杰出伟人，都是抓住今天，把今日一日当明日两日珍惜的榜样。

有一篇回忆录，回忆一位同志向列宁汇报工作，列宁批准了他的计划，并问道：“那么，你们什么时候开始呢？”

“明天开始，列宁同志！”

列宁严肃地说：“为什么不今天开始呢？就是现在！”

有位青年画家把自己的作品拿给大画家柯罗看，向他请教。柯罗指出了几处他不满意的地方。

“谢谢您！”青年画家说，“明天我全部修改！”

柯罗激动地说：“为什么要明天？你想明天才改吗？要是你今晚就死了呢？”

英国首相丘吉尔，平均每天工作十七个小时，这使得十个秘书整日忙得团团转。为了提高政府机构的工作效率，丘吉尔不仅自己严格要求自己“今日事今日毕”,他还制定了一种体制,给那些行动迟缓的官员们的手杖上,都贴上“今日立即行动”的签条,敦促官员们把握今天,马上行动,有效地提高了工作效率。

“加强责任感,打破条件论,下苦功,抓今天。”这是我国著名作家姚雪垠在创作《李自成》时,给自己总结的四句座右铭。他不顾年高体弱,坚持每天清晨三点左右起床,每天工作在十个小时以上,星期天、节假日也不休息,从而写出了长篇历史小说——《李自成》,取得了巨大成功。

我国伟大的思想家、文学家鲁迅先生,也是抓住“今天”,珍惜“今天”,充分利用“今天”的典范。鲁迅先生在人世间仅仅活了56个春秋,却创作、翻译了670多万字的作品。从1927年到逝世的近10年中,他除了校辑古书、译书、校阅青年文稿与收集酝酿几部长篇小说的创作素材,花去很多时间外,竟连续不断写了500多篇杂文。惊人的创作量,不能不使我们惊叹“把握今天,珍惜今天”,在他身上,发出了多么灿烂的光彩!有人说,鲁迅先生能取得这样巨大的成就,是因为他是天才。鲁迅先生却说:“哪里有天才!我是把别人喝咖啡的工夫都用在工作上的。”根据一些回忆文章介绍,鲁迅先生是抓住今天、利用时间的能手。鲁迅先生的时间表常常是这样的:白天,他抓紧时间博览群书,给友人复信,替别人校阅稿件,忙于书籍的编排、校对、设计、出版以及跑书店、印刷厂等;晚上便专心致志地写文章,往往写到深夜,甚至于通宵达旦,彻夜不眠。鲁迅先生正是这样抓住“今天”,充分利用“今天”的分分秒秒,创造了辉煌的业绩,很好地开发了自己巨大的潜能。

科幻小说的鼻祖凡尔纳,也是一个抱着“今天一定成功”的坚定信念,而认真把握“今天”的一个人。为了写好科幻小说,凡尔纳抓每一个“今天”,每天都不放过。他每天5点起床开始读书和写作,一直到晚上8点。15个小时中,除了吃饭,他不让一分钟白白浪费掉。他的读书笔记,多达二千五百多本。仅仅为了写作《月球探险记》,他就研读了五百册图书资料。正是由于凡尔纳这样珍惜今天,充分利用今天,使每一个“今天”成为成功成才最有价值的一天,他才给全世界的人留下了104部计八百多万字的科学幻想小说,有效地开发了自己巨大的潜能。

无数事实有力说明,要想成功成才,必须抓住今天!珍惜今天!充分利用明天!

你想成功成才吗?你要真正开发自己的巨大潜能吗?那么,你必须树立一个坚定的信念,那就是——把握今天,立即行动!

教学互动

★ 面对困难,你准备好了吗?

你可能有许多知识要学,你可能有许多书要背,你可能有许多题目要做,但是,你别无选择,你必须迎难而上,坚持到底。你所面临的:

困难1：____________________，解决办法：____________________。
困难2：____________________，解决办法：____________________。
困难3：____________________，解决办法：____________________。

★ 让我们拥有积极的心态

下面列举一些例子，请参照练习：

情境	消极心态	积极心态
考试考砸了	真倒霉	没关系，正好及时发现了问题
失眠	影响学习和工作	又增加了一种人生体验
被老师批评了		
想回家没赶上车		
失恋了		
……		

心理测试

★ 积极心态测验

你的积极心态有多高？积极心态高或低的利弊是什么？

以下的测验将为你提供一个深入了解自己的机会。请从A、B、C、D、E五个答案中选择最合适的一个。

1. 做一件事情，当结果与你的估计相符时，你就感到很满意；否则，即使别人说你成功了，你也不会感到满意。

   A. 很不符合　B. 较不符合　C. 说不清　D. 比较符合
   E. 完全符合

2. 对于自己的计划，你要求达到的水准往往高于一般人。

   A. 很不符合　B. 较不符合　C. 说不清　D. 比较符合
   E. 完全符合

3. 对感兴趣的事，你都能尽力而为；对不感兴趣的事，做好做坏都无所谓。

   A. 很不符合　B. 较不符合　C. 说不清　D. 比较符合
   E. 完全符合

4. 你觉得，做出成绩是人生最重要、最幸福的事情，即使苦一点也是值得的。

   A. 很不符合　B. 较不符合　C. 说不清　D. 比较符合
   E. 完全符合

5. 每做一件事，你通常都从工作方法入手。

A. 很不符合　B. 较不符合　C. 说不清　D. 比较符合
E. 完全符合

6. 你经常成功,很少失败,即使失败了,也会在别的地方寻找弥补。
A. 很不符合　B. 较不符合　C. 说不清　D. 比较符合
E. 完全符合

7. 好胜心强,从不服输。
A. 很不符合　B. 较不符合　C. 说不清　D. 比较符合
E. 完全符合

8. 如果有几件事,重要程度相同但难易不等,你会选择:
A. 最容易的　B. 较容易的　C. 中等难度的　D. 比较难的
E. 最困难的

9. 如果你做某种事,预先有标准的话,你会选择:
A. 最低标准的　B. 较低标准的　C. 标准适中　D. 较高标准
E. 最高标准

10. 如果用 A、B、C、D、E 表示创一番事业的愿望程度,你会选择:
A. 根本不想　B. 不太想　C. 愿望适中　D. 比较想
E. 非常想

记分与解释:

选择 A、B、C、D、E 分别记 1、2、3、4、5 分。

$$总分=1A+2B+3C+4D+5E$$

总分越高,说明你的积极程度越高。

若你的总分在 40～50 分:说明你的积极程度很高。你的事业心很强,成功动机很高,办事追求成功、完美,不喜欢半途而废。如果一件事没办好或失败了,你会感到非常不满意,你经常生活在一种紧张、焦虑的气氛中。你也许应当为自己创造一种轻松愉快的气氛来调节身心,使工作完成得更为出色,同时也使自己获得更为健康的身心。

若你的总分在 25～39 分:说明你的积极水准适中。你有较强的事业心和工作能力,能妥善处理好自己的能力和工作完成水准之间的关系,失败了也能正确对待。这有助于你保持身心健康,但你还要不断提高自己的工作能力。

若你的总分在 10～24 分:说明你的积极水准较低。你的事业心不强,不喜欢争强好胜,只求过一种安稳的日子。你把自己的工作标准订得过低,这样不利于你能力的充分发挥和提高。你应当在工作上严格要求自己,在奋斗中更好地实现自己的价值,开发自身的潜力。

第四章 挑战自我

——自我认知训练

在希腊神话中流传着一种狮身人面的怪物，叫斯芬克斯，身上还生有一对翅膀。它经常蹲在路旁，拦住行人叫他们猜谜语。谁要是猜不出，就成它口中之物，若是猜中了，它便自杀。斯芬克斯最为得意的一个谜语是："在早晨用四只脚走路，到了中午用两只脚走路，晚间用三只脚走路，在一切生物中这是唯一用不同数目的脚走路的生物。脚最多的时候，正是速度和力量最小的时候。"俄狄浦斯一字中底，谜底是"人"。"因为在生命的早晨人是软弱无助的孩子，他用两脚、两手爬行；在生命的中午，他成为壮年，用两脚走路；但到了老年，临到生命的迟暮他需要扶持，因此拄着拐杖，作为第三只脚。"据说斯芬克斯是宙斯派来的神。它想通过这个极端的方式，让人们在付出代价之后，深深地牢记神的箴言："人，认识你自己！"

"认识你自己"是一个古老而又永恒的命题，也是每一个人毕生都在有意无意地探讨和获得不同答案的问题。苏格拉底把这句话视为哲学的任务。在认识别人之前，先认识你自己；在认识世界之前，先认识你自己，这样你才能更好地把握自己的人生。

一、自我意识及其功能

"自我意识"是个人作为主体的我对自己以及对自己与周围事物的关系的认识。我们经常说的要正确认识自己、自尊、自卑等都属于自我意识的范畴。我们一生都在与自己打交道，一直都在不断地了解和认识自己，凡是以自己为对象或与自己有关的意识都可称作自我意识。自我意识的主要表现形式有自我观察、自我分析、自我意象、自我评价、自我体验、自我调控等。自我是一个多因素、多层次的整体结构，它既包含生物的、生理的因素，又包含社会的、精神的因素。因此，自我意识的内容必然是多种多样的。自我意识是一种多层次的心理系统，从不同的角度可以把它的结构分为以下几个类别。

1．躯体我、社会我和精神我

美国心理学家詹姆斯认为，人最先是从自己的躯体知道自己的存在，产生了"躯体我"，即对自己身体、健康状况、外貌、动作技能等方面的感受，照镜子、美容美肤等都是躯体我的表现。而后与人交往，从他人对自己的反应中以及自己的社会角色中，体验出自己的“社会我”：对自己在社会生活中所处的经济状况、政治地位、声誉、威信等方面的自我评价和自我体验，如自己是贫穷还是富裕？是否受人尊重和信任？在集体生活中举足轻重还是无足轻重？别人对自己是亲近还是疏远？再后来从生活的成败得失中，在心理发展中，产生对自我心理品质、精神状态的认识体验，逐渐形成“精神我”：自己的理解力、记忆力是强还是弱？想象力丰富还是不丰富？思维敏捷还是迟钝？行动的自觉性高还是低？自制力强还是弱？

2．本我、自我和超我

精神分析大师弗洛伊德在其人格结构理论中深入探讨了自我的结构。他认为，人出生时只有一个本能的我（本我），其功能是一切为生存，其行为表现大多属于原始性的冲动，遵循的原则是只要快乐，肆无忌惮，且个人多不自知。它像一个幼儿，容不得紧张，希望得到满足，易冲动、非理性、无组织。自我是人与外部世界的媒介，它适应环境中的一些条件和限制，代表人的学习、训练和经验，遵循现实原则。超我是社会规范中是非标准与价值判断的代表，它遵循道德原则，支配、监督个人的一切。

3．个人自我、社会自我和理想自我

个人自我是指个体对自己各种特征的认识，它包括对自己的躯体特点、行为特点、人格特点以及性别、种族、角色等个人特征的感知认识。个人自我纯属个体对自己的看法，主观性强，是自我意识中最重要的内容。社会自我是指个体所认为的他人对自己各种行为的看法。理想自我是个人根据前两个自我的经验，建构自己所希望达到的理想标准，它引导个体趋向理想的境界。

4．自我认识、自我体验和自我监控

自我意识具有认知、情绪和意志三种心理要素，即所谓的自我认识、自我体验、自我监控。自我认识主要涉及“我是一个什么样的人”、“我为什么是这样的人”等问题，包括自我感觉、自我观念、自我分析、自我批评等。自我体验属于情绪范畴，它以情绪体验的形式表现出人对自己的态度，主要涉及“我是否接受自己”、“我是否满意自己”、“我是否悦纳自己”等问题，包括自尊、自爱、自卑、自弃、自恃、自傲、责任感、义务感、优越感等。自我监控主要表现为人的意志行为，它监督、调节自己的行为，调节、控制自己对自己的态度和对他人的态度，涉及“我怎样克制自己”、“我如何改变自己”、“我如何成为那种人”等问题，表现为自主、自立、自强、自制、自律、自卫等。以上三者互相联系、有机组合、完整统一，成为一个人个性中的自我。

总之，自我意识是一个复合体，它不仅包括一个人的愿望、动机，在过去生活背景中形成的信念、价值观以及对未来的展望，还包括像自豪或羞耻、自尊或自卑、激励或责备等这样一些情感的体验。自我意识的形成受到个人的成长经历、生活环境、自我态度、他人评价等诸多因素的影响。并且自我意识的结构并不是一成不变的,而是随着个体的经验和心理发展而不断地发生变化的。

自我意识水平的高低不仅是个体心理上发展水平的标志,而且将影响和制约其人生选择和行为取向。伯恩斯(1982)在《自我概念发展与教育》一书中,系统论述了自我概念的心理作用,提出自我概念具有三个功能:

第一,保持内在一致性,即自我概念使个体能够保持个人的想法与情绪或行为一致。在社会生活实践中,当现实有悖于个体的主观愿望时,个体可能会产生矛盾心理。这时自我概念就会发挥作用,使个体内心重新达到一种新的平衡。面对相同的情境,不同的个体有不同的心理反应,其行为也带有浓厚的个人色彩,这是由于他们有着不同的自我概念。然而由于自我概念的作用,同一个体在不同的情境中可以保持自己一贯的、区别于他人的风格。可见,通过保持个体的内在一致性和一贯性,自我概念起着引导个人行为的作用。

第二,影响个人对经验的解释,即自我概念决定着个体对经验的解释。自我概念影响着解释经验的方法。不同的人可能获得完全相同的经验,但他们对这种经验的解释可能是完全不同的。一定的经验对于个体有怎样的意义,是由个体的自我概念决定的。

第三,影响人们的期望。在各种不同情境中,人们对事情结果的期待、对情境中其他人行为的解释以及自己在情境中如何行为,都受自我概念的影响。消极的自我概念不仅引发了自我期望的消极,而且也决定了人们只能期待外部社会的消极评价与对待。

自我概念的这些功能在客观上决定了它对行为的调节与定向作用。一切外部影响因素只有经过自我价值系统审定之后被纳入自我概念结构,成为自我概念有机组成部分,才可能真正转化为内在的个性品质。

二、健康的自我意识

西方和东方的心理学家在界定心理健康标准时,都不约而同地将良好的自我认知作为心理健康的重要指标。比如:恰当的自我关注,能充分地了解自己,能恰当地评价自己的能力,合理的自我分析与评价,积极的自我体验,善于自我接纳,等等。这些都说明自我意识与个体的心理健康紧密相连。归纳起来,健康的自我意识应具有以下特点:

1. 自我定位准确

能够准确地认知与评价自我,不夸大自己的优势与不足,对现状与未来有明确的认识,准确地制定和评价符合实际的规划,既不好高骛远,也不妄自菲薄。

2. 积极而客观

自我体验与评价的积极而客观是健康自我意识形成的重要内容。如果个体不能正确评价，总是产生消极的自我体验，则会引发不同程度的心理问题，甚至心理障碍、心理疾病。只有以积极的态度去认识和评价人和事，客观理性地分析现象背后的真正原因，才能体验到愉悦的情绪，产生积极的人生态度和健康的自我观念。

3. 自尊、自信

自尊是获得良好发展的前提条件，是自信、自立、自强的基础，也是获得良好的心理健康状态的重要条件之一。马斯洛把尊重需要写进了他的需要层次理论中，并把它排在了第四位。尊重表现为自尊、尊重他人和获得他人的尊重三个方面，其中，自尊是基础，没有自尊，便不可能获得他人的尊重，更不会懂得尊重他人。

4. 有良好的自我同一性

自我同一性就是指个人自我、社会自我与理想自我的整合统一。它们是密切联系的、相互影响的，它们都包含着不同的自我认知、自我体验与自我监控，但它们的比例和搭配的不同，构成了个体自我意识之间的差异，也使得每个人都有自己对人、对己、对社会的独特看法和体验。若三者统一协调发展，自我同一性就会处于良好的状态；如果三者矛盾冲突，则自我同一性会发展不良，容易导致各种心理问题的产生。

5. 能有效地自我监控

没有自我监控就如同没有制动的汽车，结果是显而易见的。成功的人都有较强的自我监控能力。

也有学者把健康的自我意识归纳为以下十个方面：

(1) 接受自己的生理状况，不自怨自艾；

(2) 知道自己的长处和短处；

(3) 对自己所处的环境有较清晰的认识；

(4) 对自我发展有较明确的目标；

(5) 对自己的需求有清楚的认识；

(6) 对妨碍自己达到目标的因素有较为清楚的认识；

(7) 对自己能够做到的事有清楚的认识，明白自己能力的极限；

(8) 对自己的希望和能力的差距认识比较清楚；

(9) 正确估计自己的社会角色；

(10) 对自己的感受和情绪有较为清楚的认识。

三、大学生自我意识的矛盾与偏差

大学生自我意识的发展使他们在心理上日趋成熟，但是，自我意识中的矛盾在一定情况下也能演变成心理障碍，影响大学生心理发展。下面就一些主要矛盾加以阐述。

1. 主观的我与客观的我之间的矛盾

"主观的我"是个人对自己的认识和评价，"客观的我"是社会上其他人对自己的认识和评价。大学生远离具体的社会现实生活，大量的时间生活在相对单纯的大学校园中，"主观的我"与"客观的我"存在着不合拍、不一致现象。大学生往往根据书本对自己作出不符合实际的估价，要么过高，要么过低，一旦接触社会生活、接触现实生活中的其他人，便发现自己并不像自己想象的那样高明或低能，容易自我失落或沾沾自喜。这种矛盾可以通过适当的社会实践来化解。

2. 现实的我与理想的我之间的矛盾

大学生是富有理想的，这种理想在头脑中的形象化即构成了大学生的理想自我，而他们本身的现实经历又构成了他们现实的自我。大学生作为同辈人中的佼佼者，步入大学殿堂后在脑海里即设计出自己的完美未来(包括学习、爱情、就业)，然而现实社会中的种种障碍会阻碍"理想自我"的实现。大学生对自我缺乏客观认识，往往在对现实自我不满的情况下否定自己。

3. 自尊心与自卑感之间的矛盾

大学生多有浓厚的优越感和很强的自尊心，对自己的能力、才华和未来充满信心。然而在进大学后，许多大学生发现"人外有人，天外有天"，尤其是当学习、社交、文体等方面显露出自己的某些不足时，有些大学生就会怀疑自己、否定自己，产生自卑心理。在他们的内心深处，自尊心和自卑感常常处于矛盾状态。

4. 渴望关爱理解与缺乏知音的矛盾

人都有获得别人关怀、理解与爱的需要，处于青年期的大学生，这种获得爱与理解的需要尤为强烈。这是因为，首先，大学生是进入"心理上断乳期"的青年，是既非儿童，也非成人的"边缘人"，他们两头脱节，缺少沟通，感到无人理解。其次，大学生上大学后，知识增多，思想深化，情感体验复杂，个性分化，感到难以同别人沟通，难以获得别人理解。因此，一方面强烈希望获得别人的关爱与理解，另一方面又感到得不到别人的关爱与理解。在这种矛盾的思想支配下，大学生常常把思想情感寄托于日记、文学、音乐等形式中。这种渴求爱与理解而得不到满足的矛盾，促使大学生追求真诚而纯洁的友谊，并产生对爱情的渴望，希望找到一个带来温馨的爱与理解的异性朋友，这是大学校园中恋爱较为普遍的一个重要心理原因。

5. 自立和依附他人的矛盾

进入大学以后，大学生的独立意识迅速发展，希望能在思想、学习、生活甚至经济等方面自立，希望摆脱家庭和学校的约束，自主地处理自己遇到的一切问题。有些大学生错误地认为，独立就是不需要任何人的帮助和指导，或者没有任何依赖别人的需要。事实上,即使是一个独立性很强的人,也会产生依赖他人的需要。独立并不意味着独来独往、独当一面,而是指个人对自己负有全部的责任。大学生不仅要分清两者的区别,而且还要认识到独立性的培养需要一个过程,对这一过程的认识不足和过分苛求都会阻碍自我的正常发展。

大学生自我意识的以上矛盾的存在,常常表现为自我意识的混乱:一种是过高的自我评价,一种是过低的自我评价。过高或过低的自我评价往往导致个体自我意识确立过程中的过分自负或过分自卑这两大心理缺陷,这是大学生良好自我形象形成的障碍。

1. 自我评价过高

自我评价过高的大学生,往往扩大现实的自我,形成错误的不切实际的理想自我,并认为理想自我可以轻易实现。这种类型的大学生往往盲目乐观,以我为中心,自以为是,不易被周围环境和他人所接受与认可,容易引起别人的反感和不满。因此,极易遭受失败和内心冲突,产生严重的情感挫伤,导致苦闷、自卑、自我放弃,有时会引发过激行为和反社会行为。自我意识过强主要表现为:过分追求完美,过度的自我接受,过度自我中心等。

(1) 过分追求完美。不能客观地评价和认识自我的情况有很多种,最明显的是对自我的苛求和追求完美。“人皆有爱美之心”,也有“追求完美之心”,这虽然是人类健康向上的本能,但过分追求完美则易引起自我适应障碍。追求完美的大学生对自己有过高的要求,期望自己完美无缺,却不顾自己的实际情况。此外,他们不能容忍自己“不完美”的表现,对自己“不完美”的地方过分看重,甚至把人人都会出现的、人人都会遇到的问题看成是自己“不完美”的表现,总对自己不满意,从而严重影响了自己的情绪和自信心。他们对自己十分苛刻,只接受自己理想中的“完美”的自己,不肯接纳现实中平凡的、有缺点的自我。其后果往往适得其反,使其对自我的认识和适应更加困难。产生这种现象的原因有不真正了解自己、过分受他人期望的影响等。

改善过分追求完美的状态,要做到:第一,树立正确的认知观念。人不能十全十美,每个人都有优缺点。一个人应该接纳自己,包括自己的不足,同时肯定自己的价值,不自以为是,也不妄自菲薄。第二,确立合理的评价参照体系和立足点。以弱者为参照会自大;以强者为标准会自卑。因而人应该选择合适的标准,更重要的是以自己为标准,按照自己的条件评定自己的价值。第三,目标合理恰当。在充分了解自己的基础上树立恰当的目标,目标符合自己的实际能力,不苛求自己,不被他人的要求左右。个体越能独立于周围人的期望,其自我意识的独立性就越强,所遭遇的冲突就越少。对大学生来说必须明确自己的期望是什么以及这种期望是来自自我本身的能力和需要,还是从满足他人的期望出发。只有明确这一点,才可能真正地认清自己，规划自己的发展方向，最终建立独立的自我。

(2) 过度的自我接受。自我接受是指自己认可自己、肯定自己的价值，对自己的才能和局限、长处和短处都能客观评价、坦然接受，不会过多地抱怨和谴责自己。对自我的接受是心理健康的表现。过度的自我接受是指有点自我扩张的人，他们高估自我，对自己的肯定评价往往有过之而无不及。他们拿放大镜看自己的长处，甚至把缺点也视为长处，拿显微镜看他人的短处，把别人细微的短处找出来，他们的人际交往模式是"我好，你不好"，"我行，你不行"。过度自我接受的人容易产生盲目乐观情绪，自以为是，不易处理好人际关系；而且过高评价滋生骄傲，对自己易提出过高要求，会因为承担无法完成的任务而导致失败。

(3) 过度自我中心。随着自我意识的发展，大学生越来越感到自己内心世界的千变万化、独一无二，他们越来越多地把关注的重心投向自我，尤其是那些有较强自信心、自尊心、优越感、独立感的学生就更容易出现自我中心倾向。当这种倾向与一些不健康的思想意识(如个人主义、自私自利思想)和心理特征(如过强的自尊心、唯我独尊等)结合时，就会表现出过分的、扭曲的自我中心。过度自我中心的人往往以自我为核心，想问题、做事情，从"我"出发，不能设身处地进行客观思考，反而颐指气使，盛气凌人，不允许别人批评，"老虎屁股摸不得"。这种人往往见好就上，见困难就让，有错误就推，总认为对的是自己、错的是别人，因而他们常不能赢得他人的好感和信任，人际关系多不和谐。

克服过度自我中心的途径包括：第一，树立健康的人生观，自觉地将自己和他人、集体结合起来，走出自己的小天地；第二，恰当地评价自己，既不低估，也不高估，既不妄自菲薄，也不自高自大；第三，尊重他人，只有尊重和信任才能获得友谊；第四，设身处地地从他人的角度思考问题，将心比心，真诚地关爱他人，从而做到"我爱人人，人人爱我"。

2. 自我评价过低

自我意识过弱的大学生在把理想我与现实我进行比较时，对理想我期望较高，又无法达到，对现实我不满意，又无法改进。他们在心理上的一个特征就是自我排斥，往往会产生否定自己、拒绝接纳自我的心理倾向。他们的心理体验常伴随较多的自卑感、盲目性、自信心丧失、情绪消沉、意志薄弱、孤僻、抑郁等现象，尤其是面对新的环境、挫折和重大生活事件时，常常会产生过激行为，酿成悲剧。自我意识过弱主要表现为极度的自卑。

自卑是个体由于某种生理或心理上的缺陷或其他原因而引起的一种消极的情绪体验。表现为对自己的能力或品质评价过低，轻视自己，甚至看不起自己，害怕自己在别人心中失去应有的地位，因此而产生消极心理。这种心理状态很容易使青年学生产生孤独压抑的情感，给青年学生的情绪和学习带来严重的影响，更有甚者还会产生消极的态度，从而对前途失去信心。

大学里，在课业的各种成绩评定或校内外的各类活动中，人与人之间比赛、竞争的情况是无法避免的。而且，如果从能力、成绩、特长以及身体、容貌、家世、地位等所有方面相比，很少有人是永远胜利成功的。每个人在不同层面上都有自己的成败经验，己不如人的失败感受人皆有之，只是程度不同而已。大学校园是人才济济之地，有些人在某方面曾有自卑的倾向和感受，亦很正常。但有的同学过度自卑，斤斤计较于自己的缺点、不足和失误，结果因自卑而心虚胆怯，凡有挑战性的场合即逃避退缩，或对自己的所作所为过分夸张，过分补偿，恐天下不知，结果捍卫的是虚假的、脆弱的、不健康的自我。

改变过度自卑，首先对其危害要有清醒的认识，并且有勇气改变自己；其次，客观、正确、自觉地认识自己，无条件地接受自己，欣赏自己所长，接纳自己所短，做到扬长避短；第三，正确地表现自己，对自己的经验持开放态度。第四，根据经验，调整对自己的期望，确立合适的抱负水平，区分长期目标和近期目标，区分潜能和现在表现；第五，对外界影响保持相对独立，正确对待得失，勇于坚持正确，改正错误。同时，保持一定程度的容忍。

从以上的分析我们可以看到，大学生自我意识发展过程中出现的失误、偏差是心理还不成熟的表现，这是由其身心发展状况和成长背景决定的，并不是某个人的缺点，而是所有大学生或多或少都要亲身经历的，是整个年龄阶段的特征，因而是普遍的、正常的，但也是必须调整的。只有认识到这一点，才有可能去面对它、正视它，并争取解决它，以达到自我真正的统一、强大和健康。

四、自我意识的完善

健全的自我意识是一个人健康成长、全面发展、走向成功的基础。作为大学生，在自我意识的发展过程中，不仅要意识到自己存在的状态，发现问题，及时调适；更要找到一条发展、完善的途径，不断提高自我意识的健康水平，向“完善的我”靠近。

（一）正确认识自我

正确认识自我，就是要全面地了解自我。要了解自己的生理状况、性格特质，了解自己与他人的异同，了解自己的过去和现在之间的异同，特别重要的是了解自己的长处和短处，把握自己与群体的关系，找准自己在社会生活中所处的位置，对自我做出恰如其分的评价。

1. 比较法——从我与人的关系认识自我

他人是反映自我的镜子，与他人交往，是个人获得自我认识的重要途经。我们先从家庭中的感情扩展到外面的友爱关系，进入社会又体验到人与人之间的利害关系。有自知之明的人能从这些关系中用心向别人学习，获得足够的经验，然后按照自己的需要去规划自己的前途。但是通过和人比较认识自己应该注意比较的参照物。

第一，跟别人比较的是行动前的条件，还是行为后的结果？大学生来大学学习，如果认为自己来自农村，条件不如别人开始就置自己于次等地位，自然影响心态和情绪，而大学毕业后看行动后的成绩才有意义。

第二，跟别人比较是看相对标准还是绝对标准？是可变的标准还是不可变的标准？经常有大学生认为自己不如他人。其实他们关注的可能是身材、家世等不能改变的条件，没有实际的比较意义。

第三，比较的对象是什么人？是与自己条件相类似的人，还是个人心目中的偶像或极不如己的人？所以，确立合理的参照体系和立足点对自我的认识尤为重要。

2. 经验法——从我与事的关系认识自我

从我与事的关系认识自我，即我从做事的经验中了解自己，不经一事，不长一智。成败得失，其经验的价值也因人而异。对聪明又善用智慧的人来说，成功、失败的经验都可以促他再成功，因为他们了解自己，有坚强的人格特征，善于学习，因而可以避免再蹈失败的覆辙；而对于某些比较脆弱的大学生，失败的经验使其失败。这也是常见的现象。因为他们不能从失败中学到教训，改变策略追求成功，而是在失败后形成怕败心理，不敢面对现实去应付困境或挑战，甚至失去许多良机；而对一些狂妄的人而言，成功反可能成为失败之源。他们可能幸得成功便骄傲自大，以后做事便自不量力，往往遭受失败的多，或成长过于顺利，又有家世、关系，而一旦失去"保护源"，便一蹶不振，不能支撑起独立的自我。因此一个大学生由成败经验中获得的自我意识也要细加分析和甄别。

3. 反省法——从我与己的关系中认识自我

孔子曰："吾日三省吾身。"我们大概可以从以下几个"我"中去认识自己：

(1) 自己眼中的我。个人实际观察到客观的我，包括身体、容貌、性别、年龄、职业、性格、气质、能力等。

(2) 别人眼中的我。与别人交往时，由别人对你的态度，情感反应而觉知的我。不同关系的人对自己的反应和评价不同，它是个人从多数人对自己的反应中归纳出的感觉。

(3) 自己心中的我。也指自己对自己的期许，即理想我。我们还可以从实际的我，自觉别人眼中的我，自觉别人心中的我等多个我来全面认识自己。

必须认识到，虽然有多个"我"可供认识自己，但形成统合的自我观念比较困难。因为现代社会急剧变迁，加上多元价值的影响，使现在的大学生自我认识难以客观、全面。

（二）积极悦纳自我

积极悦纳自我就是指一个人相信自己存在的价值，认同自己的能力，并在行为上表现出一种与环境和他人积极互动的心理定势。即"无条件地接受自己现实的一切。无论是好的还是坏的，成功的还是失败的，有价值的还是无价值的。"

1. 积极悦纳自我的表现形式

（1）自信。自信心的建立是促进心理健康的重要因素，是大学生学习进步、生活愉快、开发潜能的重要保证。自信心过强则使人变得自傲自满、目中无人，或行为鲁莽、不计后果，从而影响自身发展及人际关系；自信心不足则会影响才能的发挥，甚至导致其他心理问题的产生。

（2）自尊。大学生的自尊心可分为两种，即具有内在价值感的自尊心和缺乏内在价值感的自尊心。前一种不把外部成就视为自尊的唯一指标，不为一时的成败毁誉所左右，自尊心不易受到伤害。后一种则把外部成就作为自尊的唯一标志，因此他们的自尊心敏感而脆弱，害怕失败，担心自尊受损。缺乏内在价值感正是引起大学生自尊障碍的重要原因之一。

（3）自强。自强心过分，就会转化为逞强。逞强是虚荣心的一种表现，其实质是炫耀自己、出风头或挽回面子，往往以留下好印象开始，而以留下坏印象告终。自强心过强，往往自卑感亦重，还可能产生嫉妒心。

（4）自爱。即对自己由衷的喜爱、关怀和敬重。一个真正自爱的人，必定在深入了解自己的基础之上，悦纳自己，丰富自己，充实自己，从而具备向外给予的基础和能力。即：一个真正的自爱者，既能真正爱自己，也能真正爱他人。

2. 积极悦纳自我的方法

（1）增强自信心。通过回忆过往经历，找出自己比较突出的表现，肯定自己已具备的良好素质；及时了解自己各方面的发展、进步和成绩，从而肯定自己的能力；找出自己过往比较成功的事情，用心体会成功的愉快心情；记录他人对自己的积极评价和态度，把注意力集中在自己的优点和成功上，从而增强自信心。强烈的自信和努力能激发个体的潜能，促进成功；成功后的愉悦又可以使个体进一步增添自信，形成良性循环。

（2）无条件接受自己，不苛求自己。过分关注自己的缺点，会背上自卑的包袱；过分追求完美，苛求自己，无异于心理上的作茧自缚，都会导致自我否定或自我拒绝。所以我们要学习做自己的朋友，以慷慨和诚实的态度列出自己的优点、缺点，喜欢自己和不喜欢自己的地方，不忘"尺有所短，寸有所长"，懂得"失之东隅，收之桑榆"，承认自己的不完美，不加任何附加条件地接受自己的全部缺点和优点，既努力扬长更注意补短，相信自己是有价值的人。

(3) 正确对待成功与失败(错误)。“失败是成功之母。”成功和失败是相辅相成的，成功常常要经过许多失败和挫折。如果一遇到挫折就灰心退却，便永远也尝不到成功的果实。另外，平静而又理智地看待自己的错误和失败，从中吸取教训，一方面要做出补偿，以弥补自己的错误造成的损失；另一方面不犯重复的错误，同时不要因暂时的错误和失败全盘否定自己，而要保持对自己的信心，不断地提升生命的价值。

(三) 有效控制自我

自我控制是个体主动定向改造自我的过程，即主动地改变“现实的我”以达到“理想的我”的过程。同时它也是个体对待自己的态度的具体化过程。有效的自我控制是大学生健全自我意识、完善自我的根本途径。

很多大学生对自我抱有很高的期望，由于没有足够的自我控制能力和意志，而未能实现，这使得他们“未完成的事物”不断增多，自我效能感不断降低，心理健康水平也就每况愈下。还有一些自卑自怨、自暴自弃的大学生更是因为无法控制自我的不良情绪而偏离了健全自我意识的轨道。自我控制，必须经常地同懒惰、安逸、松懈、胆怯、逃避等行为进行斗争。有良好的自我控制能力的同学，则偏重于“应当做”的事情，善于强迫自己去做应当做的事情，克服妨碍这样做的愿望和动机。如在学习紧张的时候，精彩球赛、朋友聚会、网络游戏可能比枯燥的学习更有吸引力，如果能想到自己的根本利益和长远目标，抵挡住了暂时利益的诱惑，那么则获得了控制自己的动力。

一般说来，大学生要有效控制自我，就应做到以下几点：

1. 结合自我实际情况确立合适的理想自我

究竟要确定什么样的抱负水平才能形成合理有效的目标呢？美国心理学家艾金逊(Johu W. Atkinson)做的关于抱负水平的投环实验也许能够给我们一些启示：被试者自己选择投环的距离，然后根据投中与否、距离远近等指标计算成绩。结果发现凡是成就动机高的人，即努力工作、追求成功的人，多选择中等距离的位置投掷；而成就动机较低的人，多选择很近或很远的位置投掷。可见成功者情愿在有适度把握又有适度冒险的情况下做出努力，他们的抱负水平是适中的；而成就动机低的人，则在十分有把握或完全碰运气的情况下工作，其抱负水平不是偏低就是过高。所以，在确立抱负水平的时候，要立足现实，从自己的实际出发，制定通过一定努力可以实现的适宜目标，即一个“跳一跳，够得着”的目标。

2. 增强自尊和自信

这是自我控制的激励因素，良好的自尊心、自信心能使自己有为实现理想自我而努力的强大动力，激励自己不断奋进。美国心理学家请50位成功人士写下影响他们成功的前三个因素，排在第一位的都是I or Myself(我自己)。它的含义是:对自己的了解、接受、关爱、尊重;在看到与别人的差距时仍能保持自信;对自己的所有行为负责;对自己持一种开放的态度。增强自尊和自信要做到:第一，寻找个人自尊、自信的支点。这个支点就是自己的长处和优势。我们每个人都有理由相信自己是有长处和优势的，这种长处和优势表现在日常的生活、学习和工作的各个方面。我们可以通过这些长处和优势，去创造成功的记录，从而在这个过程中逐步提高自己的自尊和自信。第二，创造成功的记录。成功的生活经验是个人自尊、自信的基础，一个在生活的历程中充满了失败记录的人，是不可能有自尊、自信的。所以，创造成功的记录，对于缺乏自信的人来说，尤其重要。

3. 培养顽强的意志品质

对自我有效的控制，离不开坚强的意志。对目标认识的自觉性、主动性，实现目标的决心和排除干扰、克服困难的能力，对成功的态度和对失败与挫折的承受力，都是意志力的重要表现方面。增强意志力就必须和目标结合起来，把远大的理想分解成一个个由近及远、由低到高、循序渐进、具体、可操作的子目标，每天坚持检查目标实现的情况，及时地自我反馈，这样才能慢慢提高对目标的坚持性。

意志力培养的另一个关键点就是要有正确的成败观，即挫折耐受力的增强。在这里要给大家介绍美国心理学家韦纳(Weiner)的成败归因理论。他认为，对结果的归因可按稳定性(稳定—不稳定)维度与控制性(内部—外部)维度来加以考察，并将人们对成败的解释归纳为四种因素:努力(内部的不稳定的)、能力(内部的稳定的)、运气(外部的不稳定的)和任务的难度(外部的稳定的)。如果某人将在某项任务上的成功归因于稳定的因素，如他的能力很强或这项任务对他很容易，他自然会期望自己在以后的类似情境中继续成功;如果成功被归因于情境等不稳定的因素，如工作努力或运气不错等，这样对下一次能否成功就没有把握了。正确的归因才会有正确的成败观，才有可能承受挫折、排除干扰、克服困难。

自我完善，追求有意义的人生，使人生达到了一个相对完满的境界，这是一个自我改造、自我塑造的过程。自我，只有在实践中，才能获得衡量自身价值的社会标准，才能显现出自身的弱点和完善的方向。所以在了解自我、重新发现自我的基础上，我们还必须在生活实践上超越现在的我，逐步走向完善。完善是一种状态，更是一种过程。只有坚持正确的方向，本着科学的态度，投身于火热的社会实践中，辩证地看待社会，分析自我，把握自我，才有可能最终超越自我。

对于当代大学生来讲，成为自己，是他们的思想行为热点之一。成为自己，就是做一个“自如的我，独特的我，最好的我”，这也是当代大学生健全自我意识的终极目标。“做一个自如的我”:不要给自己提出脱离实际,可望而不可即的过高要求,使自己总是陷入自责、自怨的境地。而是确立可望而可及的目标,经过一定的努力就能达到,从而能够坦然面对自己的客观存在,积极、自信地生活。“做一个独特的我”:不去刻意地模仿他人从而迷失了自我,而是在认识自我的过程中,发现自我与他人的区别,接受并且关心自己的生理和心理状况,无条件地接纳自己的一切。“做一个最好的我”:正确认识自我,立足现实,找到自我在现实社会中最恰当的位子,充分实现自己的人生价值。

大学生成为自己的过程,是其自我同一的过程,是其自我不断走向完善的过程,也是其从个人“小我”走向社会“大我”的过程,是既注重自我又不固守自我,而是根据社会要求不断改造自我;既注重自我价值的实现又不仅仅局限于追求个人自我价值的实现,而是把自我价值实现的过程与社会的发展需要统一起来,在为他人和社会的服务中实现真正的自我价值的过程。

相信我们每一位大学生都能够在正确认识自我的基础上投身于热烈的人生实践中去,正确地决策,锁定生命的坐标,坚持不懈,战胜压力,利用失败跨越人生的危机,从错误的信念中觉醒,在失败中总结经验,在拼搏中慢慢培养一种快乐而良好的习惯,永葆青春的活力,更加完善自己。做一个自强自立之人,也做一个开放和开阔的人;做一个成功的人,也做一个健全的人。

教学互动

★ 20个我是谁

目的:强化自我认识,促进自我接纳。

操作:

(1) 首先在下面写出20句“我是怎样的人”,要求尽可能选择一些能反映个人风格的语句,避免出现类似“我是一个男生”这样的句子。

我是一个________________________________的人。

我是一个________________________________的人。

…………

(2) 然后将陈述的20项内容作下列归类:

a:身体状况(属于你的体貌特征,如年龄、身高、体形等)。

编号:________________________________

b:情绪状况(你常持有的情绪情感,如:乐观开朗、烦恼沮丧等)。

编号:________________________________

c:才智状况(你的智力、能力情况,如聪明、灵活、能干等)。

编号：________________

d;社会关系状况(与他人的关系,对他人的态度、原则,如乐于助人、坦诚等)。

编号：________________

(3) 接下来评价一下自己对自己的评价是积极的还是消极的。在你列出的每个句子前面加上正号(+)或负号(-)。正号表示这句话表达了你对自己的肯定满意的态度,负号表示了相反的意义。看看你的正号与负号的数量各是多少。如果正号的数量大于负号的数量,说明你的自我接纳情况良好。相反,说明你不能很好的自我接纳,自信程度较低,这时你需要内省,寻找问题的根源,比如你是否过低地评价了自己?是什么原因使你成为这样?有没有改善的可能?

★ 假如我……

目的:帮助学生认清自己是谁,他们想要成为什么样的人物,想要做什么事情。

操作:完成下列的句子。

如果我是任何一种动物,我希望是……因为……

如果我是一种鸟,我希望是……因为……

如果我是一种昆虫,我希望是……因为……

如果我是一朵花,我希望是……因为……

如果我是一棵树,我希望是……因为……

如果我是一种家具,我希望是……因为……

如果我是一件乐器,我希望是……因为……

如果我是一种车子,我希望是……因为……

如果我是一条街,我希望是……因为……

如果我是一个国家,我希望是……因为……

如果我是一种游戏,我希望是……因为……

如果我是一项记录,我希望是……因为……

如果我是一个电视节目,我希望是……因为……

如果我是一部影片,我希望是……因为……

如果我是一种食物,我希望是……因为……

如果我是一篇讲稿的一部分,我希望是……因为……

如果我是一种颜色,我希望是……因为……

心理测试

★ 你了解自己吗?

要求:根据你的实际情况对下列题目做出“是”或“否”的回答。

1. 你每天要照3次以上的镜子吗?
2. 你一点也不在乎别人对你的看法吗?
3. 你是否感到你其实并不了解你自己?
4. 你很留意自己的心情变化吗?
5. 你常把自己与其他人作比较吗?
6. 你常在晚上反思自己一天的行为吗?
7. 做错一件事后,你常弄不明白当时自己为什么要那样做吗?
8. 你比较注意自己的外表吗?
9. 你做事情的随意性很大吗?
10. 在做出一个决定时,你通常很清楚这样做的理由吗?
11. 你总是努力揣摩别人的想法,并按别人的要求与暗示行事吗?
12. 你是否总是穿着比较得体的衣服?
13. 你弄不清自己是脾气好还是脾气坏的人吗?
14. 你弄不清自己的能力是比其他同学强还是弱吗?
15. 你对自己将成为一个怎样的人没有一点把握吗?
16. 你总是担心自己能否给其他同学留下好印象吗?
17. 你对自己的外貌有自知之明吗?
18. 在遭受一次挫折后,你总是要对自己的行为进行反思吗?
19. 你常控制不住自己而发火吗?
20. 有时,你自己也不知道自己为什么情绪不好吗?
21. 考试前,你通常不知道自己能否顺利过关吗?
22. 不少事情,都是在开了头以后,你才发现没能力完成吗?
23. 当你遇到不快时,你是否设法把自己从低沉的情绪中摆脱出来?
24. 考试完毕,在老师批改试卷完前,你常弄不清楚自己能否考得好吗?
25. 在大多数情况下,你知道自己行动的动机吗?
26. 你觉得别人应该对你留下好印象吗?
27. 你常感到莫名的烦恼吗?
28. 你不知道自己与班上哪些同学较谈得来吗?
29. 你清楚自己的长处和短处吗?
30. 一般而言,你很清楚自己吗?

评分规则：

4、5、6、8、10、12、17、18、23、25、26、29、30题答“是”记0分，答“否”记1分。其余各题答“是”记1分，答“否”记0分。各题得分相加，统计总分。

你的总分是：

0～9分：你很有自知之明，你对自己的长处和弱点有较清楚的认识。

10～20分：你对自己的了解不够全面。你已经较多地注意到了自己的体验，但要更好地了解自我，还需要掌握一些客观认识自我的方法。

21～30分：你不了解自我。尽管自我与你朝夕相处，但在你看来仍是“当局者迷”。

第五章　为心灵美容

——情绪管理训练

一所肺结核专科医院里住着两个病人，甲的肺结核比较轻微，经过一段时间的治疗已经基本痊愈；乙的结核病很严重。医院已经没有什么办法了，只好让她回家休养。

这两个病人同一天出院，由于医院工作人员的马虎，出院时把两份病情通知抄写颠倒了。病已基本痊愈的甲接到的是病情尚未痊愈，要加强修养，注意休息的通知，一接到通知，甲便紧张起来，忧虑重重，认为医生从前对他隐瞒了病情，病是无法治好了。结果出院后病情一天天加重，并有恶化的趋势，没过多久又住进医院；而那位病情严重的乙看到出院通知上写着病情基本痊愈，心情顿时轻松，回到依山傍水的农村，经常食用新鲜蔬菜、水果，经常散步，再加上心情舒畅，精神愉快，被认为治不好的严重肺结核竟然痊愈。

其实这并不奇怪，完全是人的不同情绪使然。人的情绪对健康影响极大：愉快喜悦的心情会给人以正面的刺激，有益于健康；而苦恼消极的情绪会给人以负面影响，诱发各种疾病，使原有的病情加重。现代医学认为，良好的情绪可使肌体生理功能处于最佳状态，使免疫抗病系统发挥最大效应，抵抗疾病的袭击。许多医学家认为，躯体本身就是良医，85%的疾病可以自我控制。因此，有的心理学家把情绪称为“生命的指挥棒”、“健康的寒暑表”。

情绪是什么？情绪是人对客观事物的体验，是主观对客观的一种感受。有这么一首小诗：“你要是心情愉快，健康就会常在；你要是心境开朗，眼前就是一片明亮；你要是经常知足，就会感到幸福；你要是不计较名利，就会感到一切如意。”如果我们能有一份好心情，提高适应能力，保持乐观向上的精神状态，使自己进入洒脱豁达的境界，那就掌握了生命的主动权。

其实，情绪就像一个影子，每天与人相随，我们在日常的工作、学习和生活中时时刻刻都体验到它给我们带来的心理和生理上的变化。也许，基于经验的认识，我们每个人都积累了一些对情绪的这样或那样的看法，但是，情绪实际上比我们所想象的要复杂得多，而且，它对一个人的影响也要比它表面上看起来要深刻得多。如果我们能够在某种程度上了解情绪对人所产生的影响，并对情绪产生和发展的基本规律有一定的认识，不仅有益于增进我们的身心健康，而且对我们的工作和学习也会大有裨益。

一、正常情绪及其功能

什么是正常情绪呢?

第一,事出有因。它是由适当的原因引起的,该原因为当事者本人所知觉。

第二,表现恰当。情绪反应的强度应和引起它的情境相称。

第三,适可而止。当引起情绪的因素消失之后,反应会视情况而逐渐平复下来,情绪反应时间不可过长过强。

正常的情绪反应,不论是积极的还是消极的,都有助于个体的行为适应。其功能主要体现在以下几个方面:

(1) 愉快而平稳的情绪能使人的大脑处于最佳活动状态,保证体内各器官系统的活动协调一致,使得食欲旺盛,睡眠安稳,精力充沛,充分发挥有机体的潜能,提高脑力和体力劳动的效率和耐久力。

(2) 愉快的情绪还能使整个机体的免疫系统和体内化学物质处于平衡状态,从而增强对疾病的抵抗力。

据说英国化学家法拉第,在年轻时由于工作紧张,神经失调,身体虚弱,久治无效。后来,一位名医给他做了仔细检查,没有开药方,只留下一句话:“一个小丑进城,胜过一打医生。”法拉第仔细琢磨,觉得有道理。从此以后,他经常抽空去看滑稽戏、马戏和喜剧等,并在紧张的研究工作之后,到野外和海边度假,调剂生活情趣,以保持心情愉快,结果活了七十六岁,为科学事业做出了很大贡献。

传说古代名医华佗,一天路过一个村庄,遇见一对小姐妹眼睛红肿如桃。华佗得悉姐妹俩怀念死去的双亲,日思夜哭,日久身染重疾,对此深表同情。华佗告诉她们:“你们只要每日在足心抓七七四十九下,不要半个月,保证治好你俩的病。不过,要当心,抓多了不灵,抓少了也不行。”说完就走了。姐姐不相信,未照华佗嘱咐去抓,两眼红肿不消。妹妹则一有空就抓起来,谁知手指一触到足心就发痒,忍不住要笑。每天如此不停地抓呀,笑啊。果然,时不到半月,眼疾就痊愈了。抓足心为什么能治眼疾?微妙就在于“笑”。其实质就是患者在抓的时候,抓抓数数和笑转移了注意力,忘了悲痛。这样就在大脑皮层中建立起一个“笑”的兴奋中心,代替了旧的“悲”的兴奋中心。“笑”的兴奋中心通过神经扩散到眼,从而治好了疾病,真可谓“笑到病除”。

有人调查发现,几乎所有长寿老人平时都非常愉快,并且长期生活在一个家庭关系亲密、感情融洽、精神上没有压力的环境中。

(3) 愉快欢乐的情绪还能使别人更喜欢接近自己,从而有助于建立良好的人际关系。

有不少心理学家认为："会不会笑，是衡量一个人能否对周围环境适应的尺度。"此种说法虽不免有些夸张，但真诚的笑，确能感染别人，消除隔阂。来了陌生的客人，相视一笑，即可握手言欢。打扰伤害了别人，歉然一笑，便能得到谅解。遇到异国朋友，投之一笑，彼此的心就通了。一个面孔冷漠、从来不笑的人，很难说心理是健康的。难怪莎士比亚说："如果你一天之中没有笑一笑，那你这一天就算是白活了。"

(4) 适度的紧张情绪，如为了工作而焦虑、忧愁、恐惧、愤怒等，只要时间不长，都是有益的。它比松弛状态更能调动人的智慧，加速思想机器的运转，能够更充分地提高思维的效能。过去历来有"急中生智"的说法，正是这个道理。一般来说，人们在适度的焦虑情绪之下，大脑和神经系统的张力增加，思考能力亢进，反应速度加快，动作比较灵敏，因而能提高工作效率和学习效果。人们常说："生于忧患，死于安乐。"这说明忧愁也有好的一面。过分的恐惧，固然反常，但对一切都不知惧怕，也是不正常的。适度的惧怕，可使人们小心警觉，避开危险，预防失败。恐惧使人们进入紧张激动状态。由于交感神经兴奋、肾上腺分泌增加，呼吸、心跳、脉搏加快、加强，血压、血糖和血中含氧量升高，血液循环加快，把大量营养输向大脑和肌肉组织，血小板较平时增加很多，因此血液较易凝固，而消化器官的运动将会减低，甚至完全停止。这种应急反应的作用，是使身体有较多的能量，来应付当前的危险。可见，适度的紧张情绪，不但能促进身体健康，还能起到增力的作用。这是做好工作的先决条件。

二、不良情绪的危害

古人常说："百病生于气。"不好的情绪和恶劣的心情，对于人体不利影响之大，足以使人短命夭亡。金代医学家李东垣说："凡怒、愤、悲、思、恐、惧皆损元气。"愤怒、憎恨、悲伤、颓丧、贪求、恐惧、嫉妒等，都会使人体正常的生理平衡失调，严重危害人的健康。

简单讲，不良情绪包括两方面的含义：一是过于强烈的情绪反应，如大动肝火，大发雷霆；二是持久性的情绪反应，如没完没了地生气、郁闷。二者对于人的健康和社会适应都是有害的。

1. 关于"过于强烈的情绪反应"问题

人的情绪虽然主要受大脑皮层下中枢神经支配，但是当这一部分活动过强时，大脑皮层的高级心智活动，如推理、辨别等将受到抑制，使认识范围缩小，不能正确评价自己行动的意义及后果，自制力降低，引起正常行为的瓦解，并使工作和学习效率降低。例如,人在遇到紧急情况时,就会手忙脚乱,甚至呆若木鸡,不知所措。俗称"慌了"。有些学生平时成绩不错,考试时,由于过分紧张,成绩反而降低。有些运动员在重大比赛中,也常常因心里紧张而临场发挥不好。过度的神经紧张,还可能引起超限抑制,一个人被吓呆了,或被气得说不出话来,就是这种表现。在盛怒之下引起心脏病突然发作而死亡的事例,在临床上也是很多的。

即使高兴的情绪也需要适度,"乐极生悲"并不是耸人之谈。心肌梗塞患者大笑容易发生意外,重症高血压病人过度兴奋可能诱发脑溢血。

2. 关于"持久性的情绪危害"问题

当人在焦虑、忧愁、悲伤、惊恐、愤怒、痛苦时,会发生一系列生理变化,这是正常现象,当情绪反应终了时,生理方面又将恢复平静。通常此类变化为时短暂,没有什么不良的影响,但若情绪作用的时间延续下来,持久不能平复,则生理方面的变化也将延长,久而久之,就会通过神经机制和化学机制引起心血管系统、消化系统、泌尿生殖系统、呼吸系统、内分泌系统等各种躯体疾病的发生。

关于不良情绪的危害,我国两千多年前的医书《黄帝内经》总结临床经验,指出:"怒伤肝"、"忧伤肺"、"思伤脾"、"恐伤肾"等,还指出:"百病生于气也,怒则气上……悲则气消,恐则气下……惊则气乱……劳则气耗,思则气结。"

有些资料说明,不良情绪,尤其是压抑的心情,严重地威胁着人们的健康,许多疾病的引起与恶化,都与情绪有关。例如,卫生部门在对癌症的普查中,发现心理因素与癌症的发病有着密切的关系。在食道癌患者中,山西统计 56.5%的人病前有忧虑、急躁的消极情绪状态;河北统计病人性情急躁者占 69%;山东统计病人倔强暴躁者占 64.7%。我国医务工作者还发现,子宫颈癌往往是由精神紧张、内分泌失调、子宫颈慢性创伤和感染而引起的。国外有的学者曾调查 250 多位癌症病人,发现有 156 人在病前受到过强烈的精神刺激。上海第二医学院 1982 年曾调查 200 例胃癌病人,病前都有长期情绪压抑和家庭不和等问题。

研究发现,严重的精神创伤、严重的心理矛盾、长期压抑、不满情绪和过度忧郁以及有不安全感的人,是容易患癌症的。不良情绪既可以致病,也可以加速病人的死亡。很多病人在没有确诊前还能支持,也能活动。一旦确诊是绝症,马上就卧床不能起来了,病情立即恶化。往往确诊成了"死亡通知书"。还有的人并没有什么病,但迷信思想严重,经常求神占卜,当他听说还能活多少时间要"归天",死的意愿取代了生的欲望,等死的情绪占了上风。

可见,不良情绪的危害之大,实在难以想象,对此应引起足够的认识。

三、大学生常见的情绪困扰

大学生活是紧张的,大学生社会期望高,心理压力大,学习负担重,竞争激烈。

这些常常使大学生的情绪处于紧张状态。研究也表明,造成大学生身心不健康的原因是多方面的,但与大学生的情绪关系最为密切。下面仅就大学生中最常见的两种情绪困扰作一介绍。

(一) 焦虑

焦虑是一种复杂的综合性、负性的情绪,是人们在社会生活活动中对于可能造成心理冲突或挫折的某种事物或情境进行反应时的一种不愉快的情绪体验,即预感到一些可怕的、可能会造成危险或需要付出努力的事物和情境将要来临,而又感到对此无法采取有效的措施加以预防和解决。此时心理会产生紧张的期待情绪,表现出不明原因的忧虑和不安。

它可以是正常的情绪反应。例如个体发现自己很容易紧张,并且知道这种轻微的紧张能提高注意力集中的程度,个体能够把紧张转化为专注,这是轻微怯场的积极意义。但它也可以是病理情绪反应。例如,随着个体在考场上紧张程度的加剧,焦虑很容易变得令人不快,这时个体感到紧张、害怕,甚至痉挛。这种令人不愉快的焦虑可能升级成明显的焦虑,甚至升级为惊恐,成为焦虑障碍:症状有轻有重,可以是急性发作性的,也可以是慢性持续性的。

总之,焦虑是一种常见的情绪反应,是由模糊的危险刺激引起的一种强烈的、持久的、不愉快的情绪体验或心理状态,主要伴以紧张、恐惧的情绪,并引起相应的生理变化。它既可以是一种正常的、具有适应意义的负性情感状态,又可以发展到一定严重程度而成为病态的焦虑症。

大学生的焦虑主要以轻度焦虑为主,是大学生中普遍存在的一种心理状态。其表现形式也多种多样。具体地说大学生常见的焦虑障碍主要表现为以下几种:

1. 考试焦虑障碍

考试焦虑是大学生中较常见、较特殊的焦虑情绪表现。即由于担心考试失败或渴望获得更好的分数而产生的一种忧虑、紧张的心理状态。考试焦虑障碍是一种过度的考试焦虑,是在一定的应试情景激发下,以过分担忧为基本特征,以防御或者逃避为行为方式,通过不同程度的情绪反应所表现出来的一种心理障碍和行为困扰。它将导致个体不能发挥正常的认知功能,对人的评价缺乏客观标准,同时情绪变得不稳定,自制力下降,社会适应能力下降。从对躯体的影响来看,考试焦虑症对神经、心血管、消化、呼吸以及内分泌系统均会产生影响,对疾病的抵抗能力下降。这样对个体的身心健康会造成潜在的威胁。研究表明,一些能力不如其他人或对自己能力的主观评价不如别人的大学生以及一些对获得好成绩有强烈愿望的大学生容易产生较高的考试焦虑。我国大学生的考试焦虑存在较大的个别差异,存在七种考试焦虑类型:考试中紧张与不安,过分担心考试失败,考试前紧张与不安，考试后紧张与不安，缺乏信心与低估能力，认知障碍和智力操作受影响，伴随消极的生理反应。男女大学生在此方面也存在一定的差异。考试焦虑障碍是学生进行学校心理咨询的主要原因之一。

2. 社交焦虑障碍

社交焦虑障碍是一种常见、损害社会功能、影响相当数量人口的慢性疾病，是继抑郁症、酒精依赖之后第三种常见的精神障碍。社交焦虑障碍大多起病于少年青春期，个体在社交、教育与职业的发展阶段受到影响。由于害怕和回避社交，学习的机会与社会技能锻炼的机会减少，个体工作或学习能力与社交生活能力下降。研究发现，有此障碍的个体生活质量明显受损，在情绪表达、社会功能和生命活力三方面的功能明显存在局限。

社交焦虑障碍是大学生常见的心理问题之一，中国大、中学生，尤其是大学生（中学生面临课业压力较重，人际交往问题尚不突出）面临着较普遍的社交焦虑。这一点也得到了众多高校心理咨询人员的经验证明。大学生社交焦虑障碍多表现为：害怕与别人对视，害怕被人注视，怕自己在人前有丢面子的言谈举止，怕当着人面吃饭、书写等。国内对社交焦虑的成因研究较少，曾有人作过一个大学生羞怯原因的调查研究，总结出以下几条：① 害怕被拒绝；② 缺少自信；③ 担心消极评价；④ 不知如何与人交往。可以说大学生社交焦虑障碍的产生原因可分为三个差异较明显的方面：一是自我评价，二是他人对自己的评价，三为社交技能。

3. 性焦虑障碍

由于大学生多处于青春后期，他们性生理的发育成熟要早于性心理的发展，再加上我国一些传统观念的影响以及他们性知识的缺乏，常使大学生对“性”及自慰行为（即手淫）表现出一定程度的焦虑和迷惘，并可能影响他们的心理健康，由此引起一些性心理障碍。我们在大学生心理咨询中遇到许多焦虑症、恐惧症、强迫症和性心理障碍者，都有明显的由性压抑带来的焦虑。他们中一些人仅仅是因为一些偶然小事，如：看到异性洗澡、入厕，或仅仅看了一眼异性，就引起了强烈的羞耻感、性冲突。有关调查表明，大学生的性焦虑主要表现在：① 手淫问题；② 体像烦恼；③ 包茎、包皮过长与生殖系统疾病；④ 婚前性行为；⑤ 性心理障碍，认为自己有同性恋倾向或有恋物倾向等。

当代大学生性焦虑障碍问题较突出，一方面说明当代大学生发现自己不正常的心理倾向有急于纠正的愿望，另一方面也说明当代大学生在好学生、好孩子的光环下性的禁锢更为突出。但在此问题上，有些学生采用错误的方式自我压抑，有些人采用错误的方式进行宣泄，多数人暴露出来的只是一种倾向，尚未形成较顽固的心理定势。因此，正确引导这部分学生进行心理调适，克服纠正这种倾向，在大学这个阶段显得尤为重要。

4. 择业焦虑障碍

顾名思义,择业焦虑障碍是指毕业生在落实工作单位之前,表现出来的焦躁不安。从心理上看,主要表现为怕字当头,向往就业,关心分配,可是一谈到分配就惶惶然,有大难将至之感,心情烦躁,意志消沉,忧心忡忡;从生理上看,轻者长吁短叹,重者神情紧张,血压升高,整天闷闷不乐,疲劳不堪;在行动上表现为择业时小心有余,果断不足,茶不思、饭不想,无所适从,常被噩梦所困扰。择业焦虑在职业最终确定之前表现得尤为明显,有时恨时间过得太慢,度日如年;有时恨时间过得太快,期限将至,单位无着落。

大学生择业焦虑障碍与一般的焦虑相比具有以下三个特点:第一,择业焦虑障碍的焦虑体验是弥漫的、持久的;第二,择业焦虑障碍的焦虑程度和持续时间与择业对自己的影响程度极不相称;第三,择业焦虑障碍常有不自主的震颤或发抖的精神运动性不安症状,也常伴有植物神经紊乱的症状。

(二) 抑郁

抑郁是以持久的情绪低落为特征的消极性情感障碍。抑郁是一种较常见的心身疾病,是各类心理疾病中发生率最高的一种。抑郁本质上是对精神压力的一种反应,因此不限于特殊的时间与地点经常发生。抑郁常常具有很大的隐蔽性,被抑郁袭击的个体常常不知道自己是患了抑郁症,还以为自己只是通常意义上的心里不快、情绪低落或者自卑,并且因此使对抑郁症的治疗被拖延到症状更为严重的时候。

抑郁对抑郁者的认知、情绪、行为和躯体都产生了重大的影响,个体一旦陷入抑郁,就会在四个方面体现出抑郁的症状来。① 抑郁者的认知。抑郁影响个体集中注意和作出决策的能力。抑郁患者常常报告短时记忆存在问题,变得健忘。抑郁还影响到个体的观念,使个体对自身、周围环境和自己的未来都抱着消极的观念。② 抑郁者的情绪。抑郁者整天无精打采,对所有事情都缺乏兴趣,即使以前感兴趣的事情也变得索然无味。抑郁者会无缘无故地感到悲伤、易怒,经常难以控制自己的脾气。抑郁者甚至会产生无助和绝望的情绪。③ 抑郁者的行为。抑郁者行动缺乏激情,社交退缩,经常抱怨而且发脾气;性欲降低;忽视个人仪表,甚至忽视最基本的个人卫生。④ 抑郁者的躯体感受。抑郁者常常抱怨疲乏;通常都有睡眠障碍,饮食习惯也可能会发生变化;感觉自己的身体变得比以前迟缓和笨拙,常感到身体某些部位疼痛。事实上,抑郁者病态的生活模式也的确削弱了机体免疫系统的功能,他们因此也更容易患生理的疾病。

大学生的抑郁症状既多样,又相当普遍。大致说来,大学生的抑郁在其认知、情绪、行为和躯体几个方面都有明显的表现。

1. 认知表现

患抑郁症的大学生难以集中注意力,常常显得精神涣散。而且他们发现自己的记忆力严重下降,在日常生活中常常丢三落四,非常健忘,学习成绩因为记忆力下降也不断下滑。更为严重的是,这些大学生会对自己和世界充满消极的观念,他们认为自己什么都比不上身边的同学,并且认为身边的同学对自己缺乏友爱,因此常常对他们怀着敌意。他们用消极和悲观来面对生活和他人,并且常常由于自己在学业、人际关系上遇到的困难而更加消极和悲观。最坏的结果是抑郁导致绝望。感到绝望的大学生会产生自杀的观念,并且很有可能出现自杀行为。

2. 情绪表现

大学生正处在人生的黄金时期,可是抑郁却像乌云一样,挡住了生活中的阳光。他们发现生活中不再有乐趣,没有什么值得追求的目标。甚至以前自己非常喜欢的活动,他们也会感到缺乏兴致,索然无味。学业和工作上的目标对他们也丧失了意义,一切在他们看来都是空虚的,都带上了灰色的基调。他们常常感到悲伤,甚至哭泣,可是却找不到真正值得这样悲伤的理由。同时,他们会变得失去耐心,而且极端敏感,常常对身边的人大发脾气。而人际关系因此可能会越来越糟,这又会作为一种恶性的刺激加重抑郁对情绪的危害。最可怕的还是这一切最终可能导致抑郁患者的绝望感和无助感。

3. 行为表现

抑郁导致的消极情绪必然会导致他们行为方式上的改变,正如他们感觉到的每件事都没有意义,他们在行动上也会表现出对任何事都缺乏激情。他们对工作或学习表现出冷漠的态度,必然导致他们的学业成绩和工作表现越来越差。他们的情绪常常失去控制,这使他们在跟其他人一起时常常非常不愉快,其结果是他们在行为上表现出社交退缩。奇怪的是,抑郁的人可能在饮食行为上也变得跟以前不同,他们或者吃得很少,或者吃得很多。抑郁常常使他们感到没有来由的悲伤,他们常常太容易哭泣。由于消极的观念和情绪,抑郁的患者总是对每一件事或人抱怨,并且通过发脾气来宣泄他们不断积累的愤怒。极端的情况下,他们完全忽视自己的个人仪表,甚至忽视最基本的个人卫生,即使是以前很爱美的女大学生也不再打扮自己,常常给人很邋遢的印象。

行为方式上的变化会严重影响到他们的社会交往,身边的人都觉得他们枯燥乏味,脾气乖戾,难以接近。当然这对其实非常需要人际支持和情感温暖的抑郁患者来说,无疑是雪上加霜。使他们陷入更深的抑郁而难以自拔。

4. 身体表现

抑郁常常导致大学生许多难以克服的睡眠障碍,他们常常不能入眠,即使入眠,也睡得非常不好,非常小的刺激都可能导致他们从睡眠中醒来。长期缺乏睡眠必然导致他们许多身体上的问题，比如免疫系统功能的降低，导致他们很容易生病，同时他们常常诉说自己身体有很多地方疼痛。睡眠不足又会导致他们记忆力下降、注意力难以集中、情绪低落、情绪失控以及行动上的迟缓呆滞和每天都有的疲劳乏力，这样形成一个恶性的循环。还有一些患者会出现每天昏睡的情况，一天中的大部分时间他们都躺在床上，可是尽管睡了很多，他们仍然觉得精疲力竭。很多人因为抑郁失去胃口，常常不吃东西，这对他们的身体也造成了损伤。他们也可能吃得很多，从而导致过度肥胖。

四、不良情绪的调控

医学心理学不鼓励人们无限制地任凭情绪反应发展，也不认为“压抑”是适当的方法，但赞同对于情绪有适当的控制。这里的控制，并非完全压抑情绪，而是要使情绪有适当的表现。许多人在心情不愉快时，会使自己陷入一种含有敌意的沉默当中。实际上，如果能把这种不快表达出来，便会感到某种真正的轻松和愉快。由于人们不可能完全避开苦恼，所以，如何把不愉快的情绪而导致在体内积聚的能量消耗在有利的方面而不致发生危害，对于人的躯体和精神上的健康都是很重要的。我们所说的要控制不适宜的情绪，道理就在于此。

（一）觉察自己的情绪

克服负性情绪的前提，首先是要树立调整情绪的自觉意识，即必须承认某种情绪的存在。人类的智慧在于它不仅能对客观环境事件进行思考和评价，而且能把智慧的锋芒指向自己，对自己的身心状态加以认识、评价和思考；通过思维和意志，对它们进行干预，使之朝着有利于生存发展的方向变化。例如有人惧怕黑暗，要想除去这种反应，先得承认他对黑暗有惧怕的心理。如果他认为那是丢人的事情而不愿承认，那么，他将无法克服那种恐惧。同样，有些人怀有愤怒之心而又不肯承认有愤怒的存在，他就无从消除那些愤怒。

1. 探索自己曾有的各种情绪

首先，找一个安全的空间自言自语。找一个独处的时间，找一个安全的空间，大声地把任何感觉不加责备、不逃避地说给自己听。添油加醋，把情感夸大，让它戏剧化到超出真实的感受。反正在安全的地方你可以自由地喊叫，自由地让情绪发泄出来。然后，回到过去。探索过去的回忆可以更清楚自己独特的内在反应模式及情绪反应的原因，所以我们可以在选定某一种情绪主题之后，自由联想与童年相关的记忆，只要把所想到的任何事情，不做任何筛选地大声讲出来，对忘记部分可以自己虚构，用来澄清自己内心的感受。也可以问问父母、兄长或儿时的朋友,问他们关于自己的童年回忆中的喜怒哀乐,从过去经验或回忆中探索自己的情绪。

2. 记录整理每天的情绪,增加对自己情绪的认识与觉察

增强觉察力的另一个方法,可以从撰写个人的心情日记或者记录自己每天的情绪状态着手。写下自己的心情日记,在日记中具体地描述事件的发生、觉察自己的情绪、了解自己的想法,并与过去的经验做一些联结,看看是否受到过去经验的影响。

除了情绪日记外,为了增强情绪的觉察力,有研究者也提出了一个可以观察、记录的方法:当你清晨一觉醒来,就在情绪状态的量表上,勾选出自己的情绪状态;睡前再记录一次,并将当天较为明显的情绪事件记录下来。这个方法可以让大学生定时觉察当时的情绪。若能进一步辨识当时情绪的内涵、记录情绪产生的原因,则不仅能增强情绪的觉察能力,也能洞悉情绪与事件、想法之间的因果关系。

(二) 了解情绪的成因

认知是平衡主客观关系的杠杆,调整情绪需要认知帮忙。在心理治疗诸方法中有一种理性情绪疗法。此种理论认为,诱发事件只是引起情绪及行为反应的间接原因,而对诱发事件的认知解释和所持信念才是引起情绪反应的直接原因。通过合理认知与不合理认知的辩论,消除不合理的信念。认知问题解决了,情绪就会随之改变。

艾利斯将以上观点概括称之为 ABC 理论,A 代表诱发事件(Activating Events),B 代表信念(Beliefs),是指人对 A 的信念、认知、评价或看法,C 代表结果,即症状(Consequences),艾利斯认为并非诱发事件 A 直接引起症状 C,A 与 C 之间还有中介因素在起作用,这个中介因素是人对 A 的信念、认知、评价或看法,即信念 B,艾利斯认为人极少能够纯粹客观地知觉经验 A,总是带着或根据大量的已有信念、期待、价值观、意愿、欲求、动机、偏好等来知觉 A。因此,对 A 的经验总是主观的,因人而异的,同样的 A 对于不同的人会引起不同的 C,主要是因为他们的信念有差别,即 B 不同。换言之,事件本身的刺激情境并非引起情绪反应的直接原因,个人对刺激情境的认知解释和评价才是引起情绪反应的直接原因。个体需要通过 D(Disputing,代表治疗)来影响 B,认识偏差纠正了,情绪和行为困扰就会在很大程度上解除或减轻,最后达到效果 E(Effects),负性情绪得到纠正。

也就是说,人既是理性的,又是非理性的。人的精神烦恼和情绪困扰大多来自于其思维中的非理性信念。它使人逃避现实,自怨自艾,不敢面对现实中的挑战。当人们长期坚持某些不合理的信念时,便会导致不良的情绪体验;而当人们接受更加理性与合理的信念时,其焦虑及其他不良情绪就会得到缓解。人的不合理信念主要有三个特征:绝对化要求,过分概括化,糟糕透顶。

1. 绝对化要求

人们以自己的意愿为出发点对某一事物怀有认为其必定会发生或不会发生这样的信念。如:我必须得到生活中所有重要他人的爱或赞同;我必须出色完成那些重要的任务;因为我强烈地希望人们公平地对待我,他们就必须这样做;如果我不能得到我想要的,那就太可怕了,我不能容忍这一点。

2. 过分概括化

这是一种以偏概全、以一概十的不合理思维方式的表现。如:一件事情失败了,我一无是处;别人一次失约,这个人不可信任。

3. 糟糕至极

认为一件不好的事发生将非常可怕、非常糟糕、是一场灾难。如:失恋了,生活失去了意义;没有得到提升,认为再怎么努力工作也没有意义了。

艾利斯还提出了对人们生活影响最大的十一种非理性信念:

(1) 每个人要取得周围人,尤其是生命中重要人物的赞许;

(2) 个人是否有价值,取决于他是否全能,在各方面都取得成就;

(3) 世界上有些人很邪恶,是坏人,应严厉谴责和惩罚他们;

(4) 当事情不如己意时,是可悲和可怕的;

(5) 逃避困难、挑战与责任要比面对它们更容易;

(6) 人的不愉快是外界因素造成的,人是无法控制的;

(7) 对危险和可怕的事,人应十分关心并随时注意;

(8) 一个人的过去决定了现在,而且永远无法改变;

(9) 一个人总要依赖他人,同时需要一个强有力的人让自己依赖;

(10) 一个人要关心他人,为他人的悲伤事情而难过;

(11) 人生中的问题都有一个精确的答案,找不到将是糟透的事情。

值得注意的是,在日常生活中人们常常倾向于将自己或他人的不良情绪归因于客观事件,却忽视了真正起作用的内心信念。例如,一名未考上重点大学的考生表现出消沉、沮丧、绝望。他的这些消极情绪反应往往被认为是由未能考上重点大学这一客观事件引起的,其实不然。根据艾利斯的理性情绪治疗理论,这名学生的消极情绪是因为他在看待自己未考上重点大学这件事上选择非理性信念——他可能认为自己怀才不遇,认为没有考上重点大学就是没有出息,自己的前程被断送了,会被别人看不起。理性情绪治疗的目的就是帮助当事人找出不合理思想,尽量减少当事人自我毁灭的潜在倾向,进而协助他形成一个较实际、开阔和合理的人生态度。

因此,当我们受到一些不好的想法困扰时,要学会向自己持有的关于自己的、他人的及周围环境的不合理信念进行挑战和质疑，从而动摇这些信念。当不好的事情发生后，要问自己："是否别人都可以有失败的记录，而我却不能有。"当认为不愿发生的事情就要发生时，要学会问自己："又怎么样呢?"

（三）掌握情绪调节的方法

1. 合理宣泄法

不良情绪对人的身体健康是有负面影响的。那么，一旦有了不良情绪怎么办呢？解决的方法就是不要闷在心里，最好把心中的不满或感到的愤怒及时排解出来。

不良情绪的宣泄有直接和间接两种方式。直接的宣泄就是直接针对引发"生气"的事情说出心里话，如果直接宣泄对别人或自己不利时，就不要直接宣泄，可用间接方式把"生气"的事情说出来。其方法有以下几点：

(1) 心中有了不平之事可以向组织和领导汇报，向周围同志倾诉，请他们开导开导，评评理。如果是自己不对，就要接受他人的批评；如果是别人不对，就要高姿态，善意地提出自己的看法，充分地摆道理，促使对方转变立场和观点。

(2) 与人闹了矛盾要开诚布公地与对方交换意见，解开疙瘩，消除误会，千方百计做主动和好的工作，不要让怒气积压在胸中。

(3) 若是自己受了比较大的委屈实在想不通时，也可在至亲好友面前哭一场，述说心中的委屈和痛苦，得到安慰和同情，心里也会好过些。痛哭本身作为纯真的感情爆发，是人的一种保护性反应，是释放积聚能量、排出体内毒素、调整机体平衡的一种方式。这好比洪水暴涨，水库即将决堤，要是迅速打开泄洪闸门，便可避免一场灭顶之灾。

(4) 体育锻炼和文化娱乐活动也是消除心中郁结、宣泄不满情绪的好方法。

总之，不满意的情绪应该宣泄，但宣泄必须合理。有的人不分时间、地点、场合，对着引起自己不快的对象大发雷霆，甚至采取违反道德和法制的攻击行为。这种直接发泄，常常引起不良后果。还有的人将不良情绪胡乱发泄，迁怒别人，找替罪羊。如，在学习中不顺心的大学生把气出在同寝室同学身上；在爱情上受到挫折的大学生把火发到好友身上；还有的同学，不管什么事只要不合自己的意，便发牢骚，讲怪话，以此发泄不满情绪。这些泄愤方法不但于事无补，而且会影响团结，妨碍学习，因而是不可取的。

2. 理智调节法

在挫折面前，人应当理智地控制自己的感情。当忍不住要动怒时，要冷静审察情势，检讨反省，以决定发怒是否合理，发怒将引起的后果以及有无其他较为适当的解决办法。经过如此"三思"，冷静分析，便能消除或减轻心理紧张，使情绪渐趋平复。

在与人发生争执时，还可用心理换位的方法想问题，倘若自己是对方该怎么办？这样就容易心平气和了。

3. 转移法

当人在生气发怒时，头脑中有一个较强的“兴奋灶”，此时如果另外建立一个或几个新的“兴奋灶”，便可以抵消或冲淡原来的优势中心。当火气上来时，有意识地转移话题或做点别的事情分散注意力，便可使情绪缓解。在余怒未消时，可以用看电影、听音乐、下棋、打球、散步等正当而有意义的活动，使紧张情绪松弛下来。

4. 升华法

一个人在某个问题上碰了钉子受了挫折，他就把这受挫的动机净化和提高，变成更高的要求，以保持内心的安静和平衡。比如说，德国的文学家歌德在少年时爱情受挫，他痛苦得想自杀，但他没有这么做，他写了《少年维特之烦恼》，心情苦闷得到了升华；贝多芬失恋创作了第三交响曲。可见升华作用是一种积极的自我保护机制。

5. 幽默法

幽默是不良情绪的消毒剂和润滑剂，学会幽默可以减少不良情绪。常笑多幽默，有较好的生理作用，如使吸氧量增加、按摩心脏、松弛肌肉、降低基础代谢等。因此，当遇到令你生气和困窘的情境时，不妨幽默一下。

著名文学家马克吐温的夫人相当泼辣，一次，马克吐温和朋友交谈忘了回家，夫人找到办公室，还没进屋就破口大骂，进屋后，看到洗手盆中有半盆水便端起来泼到马克吐温身上，面对这种情境，马克吐温不但没有发怒，反而笑着说：“我就知道，电闪雷鸣过后，一定会有暴风雨。”在场的人及马克吐温的夫人都笑了。

6. 自慰法

当一个人追求某项事物而得不到时，为了减少内心的失望，常为失败找一个冠冕堂皇的理由，用以安慰自己。比如说：自己想吃葡萄吃不到，就说那葡萄是酸的，自己根本不喜欢吃。有的人伸手要荣誉没要到，就说我一向对评先进不感兴趣等等。这种自慰的方法，实际上是自欺欺人的方法，偶尔用一下作为缓解情绪的权宜之计，对于帮助人们在极大的挫折面前接受现实，接受自己，避免精神崩溃，还是有好处的，但不能常用，它会妨碍自己去追求真正需要的东西。

7. 愉悦法

通过这种方法可以增加积极情绪。具体办法如助人，在帮助别人的过程中，不单使自己忘却烦恼，而且可以确定自己存在的价值，更可获得珍贵的友谊，这时你有一个快乐就变成了两个快乐，你有一个烦恼就变成了半个烦恼；再如学会辨证思维：万事万物都有两个方面，换个角度就会获得另一片天空，心情也会豁然开朗。

8. 暗示法

暗示具有两种作用,我们意在摆脱消极暗示,利用积极暗示的作用。当你要发火时,在内心里真诚地对自己默念:“一定要镇定”、“发火是无能的表现”;当你气愤时默念:“生气是用别人的错误来惩罚自己”;当你失恋时对自己说:“他(她)不值得爱”、“我会找到更好的”;在工作中有抵触情绪时对自己说“我是强者”、“梅花香自苦寒来”、“天降大任于斯人也”,等等。

五、情绪调节密典

(一) 修身养性用“格式塔疗法”

“格式塔心理疗法”简称“格式塔疗法”,是由美国精神病学专家弗雷德里克·S·珀尔斯博士创立的。根据珀尔斯博士的最简明的解释,格式塔疗法是自己对自己疾病的觉察,也就是说,对自己所作所为的觉察、体会和醒悟,是一种自我修身养性的疗法。它的实施简便易行,应用范围非常广泛。

格式塔疗法有九项原则,基本原理为:

1. “生活在现在”

不要老是惦念明天的事,也不要总是懊悔昨天发生的事,而把你的精神集中在今天要干什么上。

2. “生活在这里”

对于远方发生的事,我们无能为力。杞人忧天,对于事情毫无帮助。记住,你现在就是生活在此处此地,而不是遥远的其他地方。

3. “停止猜想,面向实际”

你也许遇到过这样的情况:在单位,当你遇到领导或同事的时候,你向他们打招呼,可他们没反应,连笑一笑都没有。如果你因此而联想下去,心里嘀咕,他们为什么要这样对待自己?这个人是不是对自己有意见?是轻视自己吗?

其实,也许你没有料到,你向他打招呼时,他可能正好心事重重,情绪不好,没有留意你向他打招呼。很多心理上的障碍,往往是没有实际根据地“想当然”造成的。

4. “暂停思考,多去感受”

现代社会要求人们多去思考,而少去感受。人们整天所想的,就是怎样做好工作,怎样考出好成绩,怎样搞好和领导与同事的关系等,因而容易忽视或者没有心思去观赏美景,聆听悦耳的音乐。格式塔疗法的一个特点,就是强调作为思考基础的“感受”,感受可以调整、丰富你的思考。直觉思维是一种非常宝贵的心理品质,但是,现在人们过分地强调逻辑思维,它就往往被人们忽略了,可怕的后果将是,人们变成一台失去情感的机器。

5. “接受不愉快的情感”

人们通常都希望有愉快的情感，而不愿意接受忧郁的、悲哀的不愉快情感。愉快和不愉快是相对而言，同时也是相互存在和相互转化的。因此，正确的态度是：有愉快的，也有不愉快的情绪；要接受愉快情绪，也要有接受不愉快情绪的思想准备。

6. “不要先判断，先发表参考意见”

人们往往容易在别人稍有差错或者失败的时候，就立刻下结论。“格式塔疗法”认为，对他人的态度和处理人际关系的正确做法应该是：先不要判断，先要谈出你是怎样认为的。这样做，就可以防止和避免与他人不必要的摩擦和矛盾冲突，而你自己也可以避免产生无谓的烦恼与苦闷。

7. “不要盲目地崇拜偶像和权威”

现代社会，有很多变相的权威和偶像，它们会禁锢你的头脑，束缚你的手脚，比如，学历、金钱等等。格式塔疗法对这些一概持否定的态度。我们不要盲目地附和众议，从而丧失独立思考的习性；也不要无原则地屈从他人，从而被剥夺自主行动的能力。

8. “我就是我”

不要说什么，我若是某某人我就一定会成功。应该从我做起，从现在做起，竭尽全力地发挥自己的才能，做好我能够做的事情。

9. “对自己负责”

人们往往容易逃避责任。比如，考试成绩不好，会把失败原因归罪为自己的家庭环境不好，学校不好；工作不好，会推诿说领导不力，条件太差等。人们把自己的过错、失败都推到客观原因上。格式塔疗法的一项重要原则，就是要求自己做事自己承担责任。

格式塔疗法在临床实践过程中，还在不断地发展着。据此，对珀尔斯提出来的九条原则，还可以补充一条，就是要“正确地自我估计”，也就是把自己摆在准确的位置上。每个人在社会中，都占据着一个特定的位置，所以你就得按照这个特定位置的要求，去履行你的权利和义务，你如果不按照社会一致公认和大家都共同遵守的这个规范去做，那你就会受到社会和他人对你的谴责和反对。

（二）维持心理平衡10要诀

美国医学研究发现，人类65%～90%的疾病与心理的压抑有关。紧张、愤怒和敌意等不良情绪使人易患高血压、动脉硬化、冠心病、消化性溃疡、月经不调等，而且破坏人体免疫功能，加速人体衰老过程。联合国国际劳动组织发表的一份调查报告也认为:“心理压抑是 20 世纪最严重的健康问题之一。”

现代生活中如何保持心理平衡,是人们共同关心的问题。美国心理卫生学会提出了心理平衡的 10 条要诀,值得我们借鉴。

1. 对自己不苛求

每个人都有自己的抱负,有些人把自己的目标定得太高,根本实现不了,于是终日抑郁不欢,这实际上是自寻烦恼;有些人对自己所做的事情要求十全十美,有时近乎苛刻,往往因为小小的瑕疵而自责,结果受害者还是自己。为了避免挫折感,应该把目标和要求定在自己能力范围之内,懂得欣赏自己已取得的成就,心情就会舒畅。

2. 不要处处与人争斗

有些人心理不平衡,完全是因为他们处处与人争斗,使得自己经常处于紧张状态。其实,人与人之间应和谐相处,只要你不敌视别人,别人也不会与你为敌。

3. 对亲人期望不要过高

妻子盼望丈夫飞黄腾达,父母希望儿女成龙成凤,这似乎是人之常情。然而,当对方不能满足自己的期望时,便大失所望。其实,每个人都有自己的生活道路,何必要求别人迎合自己。

4. 暂离困境

在现实中,受到挫折时,应该暂将烦恼放下,去做你喜欢做的事,如运动、打球、读书、欣赏等,待心境平和后,重新面对自己的难题,思考解决的办法。

5. 适当让步

处理工作和生活中的一些问题时,只要大前提不受影响,在非原则问题上无需过分坚持,以减少自己的烦恼。

6. 对人表示善意

生活中被人排斥常常是因为别人有戒心。如果在适当的时候表示自己的善意,诚挚地谈谈友情,伸出友谊之手,自然就会朋友多,隔阂少,心境自然会变得平静。

7. 找人倾诉烦恼

生活中的烦恼是常事,把所有的烦恼都闷在心里,只会令人抑郁苦闷,有害身心健康。如果把内心的烦恼向知己好友倾诉,心情会顿感舒畅。

8. 帮助别人做事

助人为快乐之本,帮助别人不仅可使自己忘却烦恼,而且可以表现自己存在的价值,更可以获得珍贵的友谊和快乐。

9. 积极娱乐

生活中适当娱乐,不但能调节情绪,舒缓压力,还能增长新的知识和乐趣。

10. 知足常乐

不论是荣与辱、升与降、得与失，往往不以个人意志为转移。宠辱不惊，淡泊名利，做到心理平衡是极大的快乐。

总之，情绪调节的原则是：无限度地发泄自己的情绪是有害的，但另一方面，采取不正当的方式压抑情绪的产生也是有害的，必须采取一些积极的调节方法。

教学互动

★ 做情绪的主人

目的：识别、描述并表达自己的情绪，提升情绪管理能力。

操作：

(1) 识别自己的情绪：当你遇到下面每项情绪，你是如何表达的(你常用的三种方式)？你的同学了解你吗？并用“√”表示自己接纳这种表达方式，用“△”表示期望改变表达的方式。你跟别人有所不同吗？

欢乐、高兴：

愤怒、生气：

(2) 描述自我情绪：我是一个在情绪上……的人；当……时，我会很生气；当我生气时，我常常会有……感受；当……时，我会很高兴；当我高兴时，我常常会有……感受。

(3) 表达你的情绪：当我很生气时，我会做……来平息怒火。

(4) 表达并识别他人情绪：准备一些小卡片，每张纸上写有一种情绪，如平时正常状态、喜悦、悲哀、恐惧、愤怒、惊奇、烦躁、忧虑、郁闷等。训练前将卡片发给每个成员，每人1张。要求每人都要将自己的卡片收好，不能让别人看到。先让一个人将自己卡片上所写的情绪按照平时的方式表达出来，同时要求其他成员仔细观察，看这个人表达的是什么情绪，并把观察的结果写在一张纸上。小组成员不得相互讨论。按照这样的程序，每个成员都轮流做一次。以了解自己是否恰如其分地表达了情绪和了解别人的情绪。

★ 动作创造情绪

目的：体会动作创造情绪的感受，并能在生活中应用。

操作：

教师指导：

(1) 请大家全体站起来，然后坐下。再请大家全体起立，不过这次的速度要比刚才快10倍，然后再坐下。第三次起来要比第二次再快10倍。

(2) 怎么样？大家是否感到有一种振奋的情绪。下面请大家抬头看天花板、张开嘴巴大笑三声，请大家保持现在的样子，张开嘴巴，抬头看着天花板，要求每个人想一件人生之中最悲惨的事情，给大家15秒的时间。

(3) ……时间到，请大家回到自然状态。

(4) 下面请大家慢慢地把头低下来，低下来，想一件令你们特别开心的事情，持续15秒。……时间到，请大家回到自然状态。

(5) 请大家先用两个手指快速鼓掌，然后是三个、四个、双手，最后请回到自然状态，坐好。

教师提问：

(1) 当让你张开嘴巴，抬头看着天花板，想悲伤事情的时候，你们当时的体会如何？

(2) 当让你把头低下来，想快乐事情的时候，你当时的体会又如何？大家交流，把两种状态下的体会与感受说出来。(6分钟)

张开嘴巴，抬头看着天花板，在这种状态下，人是不可能真正体会那份痛苦的，因为人的身体处于兴奋状态。把头低下来，在这种状态下，人也是不可能真正体会到那份快乐的，因为人的身体处于一种低沉的状态。

(3) 大家是否理解动作创造情绪这个活动？你如何在生活中应用这一方法？请同学们交流自己的看法。(6分钟)

心理测试

★ 情绪稳定性测试

请将所选答案填在后面括号中。

(1) 有能力克服各种困难。

A. 是的　B. 不一定　C. 不是的(　)

(2) 猛兽即使关在铁笼里，你见了也会惴惴不安。

A. 是的　B. 不一定　C. 不是的(　)

(3) 如果能到一个新环境，你要____。

A. 把生活安排得和从前不一样　B. 不确定　C. 和从前相仿(　)

(4) 整个一生中，你一直觉得你能达到所预期的目标。

A. 是的　B. 不一定　C. 不是的(　)

(5) 在小学时敬佩的老师，到现在仍然令你敬佩。

A. 是的　B. 不一定　C. 不是的(　)

(6) 不知为什么，有些人总是回避你或冷淡你。

A. 是的　B. 不一定　C. 不是的(　)

(7) 你虽善意待人,却常常得不到好报。

A. 是的　B. 不一定　C. 不是的(　)

(8) 在大街上,你常常避开你所不愿意打招呼的人。

A. 极少如此　B. 偶然如此　C. 经常如此(　)

(9) 聚精会神地欣赏音乐时,如果有人在旁高谈阔论。

A. 我仍能专心听音乐　B. 介于A、C之间　C. 不能专心并感到恼怒(　)

(10) 不论到什么地方,都能清楚地辨别方向。

A. 是的　B. 不一定　C. 不是的(　)

(11) 你热爱所学专业和所从事的工作。

A. 是的　B. 不一定　C. 不是的(　)

(12) 生动的梦境,常常干扰你的睡眠。

A. 经常如此　B. 偶然如此　C. 从不如此(　)

(13) 季节气候的变化一般不影响你的情绪。(　)

A. 是的　B. 介于A、C之间　C. 不是的

计分方法:选A得2分,选B得1分,选C得0分,根据计分表,写明你每题的得分,并求出总分。

说明:

17～26分,情绪稳定。你的情绪稳定,性格成熟,能面对现实。通常能以沉着的态度应付现实中出现的各种问题,行动充满魅力,能振作勇气,有维护团结的精神。

13～16分,情绪基本稳定。你的情绪有变化,但不大,能沉着应付现实中出现的一般性问题。然而在大事前面,时常会急躁不安,不免受环境支配。

0～12分,情绪激动。你情绪激动,容易产生烦恼。通常不容易应付生活中遇到的各种阻挠和挫折,容易受环境支配而心神动摇,不能面对现实,常常急躁不安、身心疲乏,甚至失眠。要注意控制和调节自己的心境,使自己的情绪保持稳定。

★ 情商测试

指导语:请根据自己的实际情况回答下列问题。

1. 当你与自己的恋人或爱人争吵后,你能在他人面前掩饰住自己的沮丧。A. 是　B. 否

2. 当工作进展不顺利时,你认为这预示着结局可能不妙。A. 否　B. 是

3. 在你最好的朋友和你说话前,你就能先看出他(她)的情绪状况。A. 是　B. 否

4. 你常常为一些忧心事夜不能眠。A. 否　B. 是

5. 你常会受浪漫爱情片或伤感片感染。A. 否　B. 是

6. 如果人际关系不妙，你觉得首先应当检讨并改变自己的看法或做法。A. 否 B. 是

7. 如果你忘了恋人或爱人的生日，更可能是因为自己太忙，而不是不善于记别人的生日。A. 是 B. 否

8. 你经常想知道别人是怎样看待或评价自己的。A. 否 B. 是

9. 你对自己几乎能使每个与自己打交道的人高兴而自豪。A. 是 B. 否

10. 你厌烦讨价还价，尽管讨价还价能使你少花一百多元钱。A. 否 B. 是

11. 你十分相信直率说话能使一切事情变得容易解决。A. 否 B. 是

12. 在讨论中，尽管知道自己是正确的，但你也会转换，不愿与对方争论。A. 否 B. 是

13. 在工作中作出一个决策，你会不时反省一下，看看它是否正确。A. 否 B. 是

14. 你不会担心环境的改变，因为你对自己的适应能力有信心。A. 是 B. 否

15. 如果有群体性的休闲娱乐活动，你往往能提出有趣的建议。A. 是 B. 否

16. 若你有一根魔棒，你将用它改变自己的外貌和个性。A. 否 B. 是

17. 不管你工作多努力，你的上司似乎总在催促着你。A. 否 B. 是

18. 你觉得恋人或爱人的厚望会对你构成不小的压力。A. 否 B. 是

19. 你认为小小一点压力是会伤害任何人的。A. 否 B. 是

20. 你会把个人隐私告诉你最好的朋友。A. 是 B. 否

21. 你会对你的合作者发火，如果他(她)总是唠唠叨叨对你不放心。A. 否 B. 是

22. 你的锻炼没有收效，是因为方法不对，而不是锻炼本身无益。A. 是 B. 否

23. 你打牌输了，是因为牌不好，而不是打牌太难。A. 是 B. 否

24. 如果你的朋友说了伤你感情的话，你会认为他是个以自己为中心，言行不考虑别人的人。A. 否 B. 是

25. 如果失败，往往是因为你本不想做，而不是你无能。A. 是 B. 否

评分方法：选 A 得 1 分，B 得 0 分，计算累积总分。

结果分析：

20～25 分：你对自己的才能极有信心。你不会轻易被情绪击倒，而且十分善于控制自己的情感。一般情况下，你能与他人融洽相处，并显得出类拔萃。但如果过于自信，会因感觉过好令人生厌，或者忽视艰苦努力，则仍可能会成为一个失败者。

9～19 分：你能意识到自己与他人的情感，但有时仍显得不够关注。你对自己

不断提出要求和目标，如果你能更好地分析与理解自己与别人的情感和需求，并能不怕挫折、吸取教训、扬长避短，你会显现出自己的优势的。

0～8分：你太注重自己而蔑视他人了。粗鲁的行为方式也许能帮你一时，但很快你就会发现这样会失大于得的。你要学会尊重别人的意见和需求，学会在不损害别人利益的同时得到自己想要的东西。如果得了低分，你不要太沮丧。关注一下自己的情商，亡羊补牢，为时未晚。

第六章 直面挫折

——耐挫力训练

一天，一个农民的驴子掉到了枯井里，那可怜的驴子在井里凄惨地叫了好几个小时，农民在井口急得团团转，就是没有办法把它救起来，最后，他断然认定：驴子已经老了，这口井也该填起来了，不值得花这么大的精力去救驴子。农民把邻居都请来帮他填井，大家抓起铁锹，开始往井里填土。驴子很快意识到发生了什么事，起初它只是在井里恐慌地大声哭叫，不一会儿，令大家都很不解的是，它居然安静下来，几锹土过后，农民终于忍不住朝井下看，眼前的情景让他惊呆了，每一锹砸到驴子背上的土，它都做出了出人意料的处理：迅速地抖落下来，然后狠狠的用脚踩紧，就这样，没过多久，驴子竟把自己升到了井口，它纵身跳了出来，快步跑开了，在场的每一个人都惊诧不已。

其实，生活也是如此，各种各样的困难和挫折，会如尘土一般落到我们的头上，要想从这苦难的枯井里脱身逃出来，走向人生的成功与辉煌，办法只有一个，那就是：将它们统统都抖落在地，重重地踩在脚下。因为生活中我们遇到的每一个困难，每一次失败，其实都是人生历程中的一块垫脚石。

成长中遭遇挫折未必不是一件好事，如果生命历程缺少这种痛苦和紧张，意味着你没有触及成长的关键点，最终难成大才。

一、挫折及其产生条件

挫折就是指人们在某种动机的推动下，在实现目标的活动过程中，遇到了无法克服或自以为无法克服的障碍和干扰，使其动机不能实现、需要不能满足时，所产生的紧张状态和情绪反应。

挫折产生要具备五个条件：① 需要和由此产生的动机；② 在动机驱使下有目的的行为；③ 阻碍人们实现目标、满足需求的情境和事物，称为挫折情境，也称挫折源。挫折情境可以是实际存在的，也可能是人们想象中的；④ 对挫折情境的知觉、认识和评价，称为挫折认知。挫折认知既可以是对实际遇到的挫折情境的认知，也可以是对想象中可能出现的挫折情境的认知，挫折认知是产生挫折最重要的因素；⑤ 因受到挫折而产生的情绪和行为反应，称为挫折反应。挫折情境和挫折反应是构成挫折最重要的两个方面，大学生在遭遇挫折时，挫折情境和挫折反应总是密切联系在一起的。

挫折普遍存在于人生的各个领域，只要有追求、有欲望、有需求，就会有失败、有失望、有失落。挫折具有双重效应，既有消极的一面，也有积极的一面，它不但能使人失望、痛苦、沮丧，失去对生活的追求；也能给人以教益，磨炼意志，促进成熟，获得进一步的发展。挫折的消极性和积极性是相对的，是可以相互转化的。正如巴尔扎克所说："世界上的事情永远不是绝对的，结果完全因人而异。苦难对于人才是一块垫脚石……对于能干的人是一笔财富，对于弱者是一个万丈深渊。"

二、挫折承受力及其影响因素

挫折承受力是指个体在遭遇挫折时能够忍受和排解挫折的能力，也就是个体适应、应对挫折的一种能力。挫折承受力有不同的水平，既包括对挫折的接纳、容忍、适应的能力，也包括对挫折的主动调整、转变、改善的能力。接纳、容忍挫折是对挫折的消极适应，而调整、改善、克服挫折则是对挫折的积极适应。挫折承受力强的人，面对挫折时，不仅能接受现实，而且能理智面对，做好积极调整，不会受到太大不良影响；而挫折承受力弱的人，遇到问题时常常手足无措，无法正确应对或者仅仅停留在容忍现实的层面上，忍辱负重，缺乏调节能力。但是，并非任何情况下改变现状都是有效的。某些情况下，比如亲人突然亡故，根本无法挽回时，平静心态、接受现实则是有利于身心健康的选择。不仅不同人的挫折承受力不同，即使是同一个人，对待不同挫折承受力也不一定相同。例如，有的人能忍受没有朋友的孤独，却不能忍受考试失败。为什么会出现这样的现象呢？这是因为有许多因素影响着个体的挫折承受力。概括起来，主要有以下因素影响挫折承受力：

1. 生理因素

身体健康、发育正常的人与体弱多病的人相比，通常情况下，前者的挫折承受力更强一些。因为挫折会引起人的情绪及生理反应，使人产生紧张感，这会加重体弱多病者的病情。所以一些患有严重疾病的人，如心脏病、高血压等，在面对较大挫折时，往往难以抑制情绪激动，导致病情恶化。

2. 生活经历

生活经历对人的挫折承受力具有重要影响。每个人都有自己的生活经历，有的人一生饱经风霜，经常身处逆境；有的人则一帆风顺或从小条件优越，很少遇到挫折。经历坎坷、丰富的人能够从中获得较多的应对挫折的经验，在重大挫折面前，能够参照过去的知识和经验采取有效的方法解决问题，其挫折承受力就高。而从小一帆风顺的人因为没有机会积累对待挫折的经验，一旦遭遇挫折，往往手足无措，反应消极，缺乏应变能力。国外曾有人做过动物实验，研究早年的挫折经验对成年后的影响。他们对一组幼小的白鼠给予电击及其他挫折情境，使其产生紧张状态，让它们正常发育，长大以后，这组白鼠就能应付挫折引起的紧张状态。而另一组没有接受电击刺激的白鼠，比较起来，遭受电击等痛苦刺激就显得怯懦和行为异常，这两组白鼠在成年后对紧张状态的生理反应也显示出明显的差异。有人认为在人身上，也是如此，在幼儿期所受的刺激，可使成年期的行为更富于适应性和多变性。

3. 社会支持

社会支持是指伴侣、朋友、同事和家庭成员在精神上和物质上对个体的支撑和帮助。社会支持是应对压力的一种缓冲。当个人感到有可以信任的人在关心、照顾、爱护自己时，就会增强克服挫折的毅力和信心，从而提高挫折承受力。社会支持的积极效应主要是通过缓冲挫折事件对身心状况的消极影响实现的。一方面，社会支持者会提供给受挫者信息，从而影响个人对挫折事件的评估或改变他对应对策略的使用；另一方面，社会支持者提供的情感支持可以增强个人对自己能力的认识，促使个体采用积极的方式解决问题。

4. 人格因素

人格特征与个体的挫折承受力密切相关。一些人虽然经历接二连三的挫折，依然坚强如故；而另一些人稍遇挫折也会导致崩溃。之所以有这样的差异，人格因素起了重要作用。以下为影响挫折承受力的主要人格因素：① 乐观。乐观是应对挫折，抵抗压力，维护健康的一个重要的人格变量。乐观的人对生活有积极的期望，在挫折面前能够百折不挠，使自己更好地应对压力，以更健康的方式享受人生。② 挑战性。挑战性强的人把生活中的不如意视为挑战。如将失业看作是追求新生活的机会而不是挫折，积极进取，对生活的控制感强，在失败面前不轻易放弃。③ 自我弹性和自我控制。自我弹性指以自我调控适应环境要求的能力。自我控制指通过延迟满足、抑制攻击、作出计划以控制行动的能力。此外，极端的人格类型，如暴躁型、抑郁型和虚荣型人格会导致人的挫折承受力很低。如具有暴躁型人格特点的人性情急躁，争强好斗，自我控制力差，稍不如意便大打出手或暴跳如雷。

5. 认知因素

面对挫折情境，认知的主要功能在于对挫折事件进行评价，这种评价直接影响着个体的情绪和行为，决定着人们对挫折事件的应对反应。根据拉扎鲁斯（R·Lazarus）的应激认知模型，对挫折事件的评价主要有以下三步：初级评价、二级评价、再评价。初级评价是对挫折类型给出最初的估计，它回答的是“我是不是有了麻烦”这类问题；二级评价关注的是“这种情况下我该做什么”；再评价是在前两级评价发生后的处理所引起的反馈的基础上的，它将使初级评价改变，进一步调整应对策略。在初级评价中，当个体认识到刺激对个人有很大利害关系时，认知和情绪会变得十分激烈，事件对个人有无利害则与个体的需要、兴趣有关。二级评价关注的是我们是否具备应对挫折的技能。如果个体相信自己拥有个人技能应对压力，所产生的二级评价将是“这件事没有什么大不了的，是可控的，我有能力应付”；如果认为自己的技能过于缺乏，所导致的二级评价将是“这件事是不可控的，我没有能力处理好”。三级评价是根据前两种评价的反馈，再次评价挫折情境，调整应对策略和事件意义。这一过程实际上是个体通过合理化的认知使挫折变得可以接受，如自己不小心丢了东西，就说是“破财免灾”；想考硕士没有考上，会说“不上也好，我本来也不喜欢那个专业，这样我会有更好的选择”。

三、大学生的常见挫折及其情绪反应

（一）大学生的常见挫折

不同年龄段和不同类型的人群面对的挫折具有不同的特点.大学生遇到的挫折与大学生活环境和大学生自身特点密切相关，具有鲜明的特点。

1. 与入学适应有关

大学生活不适应常发生在一年级新生中。大学生活与中学生活有很大不同。学习主要靠自学，课程要自己选，生活也要自己安排。同学之间的比较不再以学习成绩为主，多才多艺有能力的人更加受人关注，很多原来高中的尖子生在大学中也不再是尖子生。所有这一切让很多新生感到迷茫、痛苦。

2. 与人际交往有关

在大学生心理咨询的实践中，人际交往常常在大学生来访者的问题中占第一位。人际关系紧张、敏感已经成为困扰大学生的一个不容忽视的问题。大学生远离家乡和父母，本来就有一种孤独感，一旦出现人际关系不和谐或发生其他人际冲突，这种孤独感就会进一步加剧，产生压抑和焦虑，从而导致各种挫折心理的产生。通过对大学生的调查发现，目前交际困难已成为诱发大学生心理问题的首要因素。

3. 与学习有关

学习问题是大学生抱怨最多的问题之一。大学生每天在三点一线的生活中紧张度过，废寝忘食，超负荷运转，由于持续紧张，很多大学生不注意用脑卫生，用脑过度，导致学习疲劳，以至于学习效率降低，学习成绩下降。学习成绩的下降，极易使大学生产生严重的受挫感，这种受挫感使得大学生学习兴趣下降，学习动力缺乏，在学习上形成恶性循环，产生挫折心理。

4. 与恋爱有关

爱情作为人类美好的情感被大学生所向往和体验，但是大学生中因为恋爱引发的情感危机与心理挫折却比比皆是。大学生恋爱中的心理挫折主要包括单相思、恋爱中的感情纠葛和失恋，失恋可以说是大学生中最为严重的心理挫折之一。大学生因恋爱所造成的心理挫折，是诱发大学生心理问题的重要因素。

5. 与生活贫困有关

据调查，我国高校在校生中约有25%是贫困生，而这其中5%～10%是特困生。经济的压力以及深深的自卑感，使这些低收入或贫困家庭的大学生总是低估自己，不能很好地完成本来可能完成的学习和工作任务。他们过分保护自己，变得敏感多疑，自尊心极易受到伤害，在内心产生消极的、敌对的情绪，有的学生甚至发展成自闭症或抑郁症而不得不退学。

6. 与求职就业有关

当代大学生在拥有更多择业自主权的同时，也面临更多的就业竞争，无论是一般的学生还是品学兼优的学生都深切感到择业就业的压力，出现了新的难以摆脱的心理矛盾，致使大学生心理失衡，出现心理挫折。许多毕业生因焦虑和自卑而失去安全感，许多心理问题也随之产生。众多大学生在择业期间表现出过度焦虑的状态，有时甚至会产生问题行为。

（二）大学生常见的挫折情绪反应

由于受生活经验限制，大学生在面对挫折时不可避免地产生一些消极的情绪反应。这些消极反应在一定时期、一定程度上可以缓解受挫后的心理紧张，但是由于这些消极行为具有明显的冲动性，所以可能引发一些不良后果，一方面对大学生个体的身心发展不利，另一方面也可能危害社会和他人。其表现主要有以下几种。

1. 攻击

这是大学生受挫后通常产生的最直接、最简单的行为反应，可分为直接攻击和转向攻击。直接攻击指攻击行为直接指向引起挫折的对象，多以动作、表情、语言、文字等表达出来，如对使自己受挫的人采取嘲笑、谩骂、殴打等行为，由于缺乏理智，往往不考虑后果，容易造成严重的结果。直接攻击行为，多发生在那些缺乏生活经验、比较简单、鲁莽、易冲动的学生身上。转向攻击指受挫者由于种种原因使之不能攻击使其受挫的对象，于是把愤怒的情绪指向自己（如轻生、自我折磨、自我虐待等）或与其挫折情境无关的对象（一般以“替罪羊”的形式出现，如背后抱怨、发牢骚、摔物、向别人发泄怨气等）。转向攻击行为造成的后果同样严重。转向攻击行为多发生在自制力较弱、自信心比较差的大学生身上。受挫的大学生通过攻击行为可以暂时发泄心中的愤恨和不快，但并不能消除原有的挫折感，甚至会引发新的挫折，并危害他人和社会。这一点应引起足够的关注，尽量避免攻击行为的发生，以免造成难以弥补的恶果。

2. 冷漠

有些大学生在受挫后，由于压力过大，或屡次遭受挫折，无法排遣消极情绪，就将不良情绪压抑在心中，表现出无动于衷、对什么都漠不关心的行为反应，其内心却相当痛苦。例如，高校中一些学习困难的大学生，虽然尽了相当大的努力，但学习上依然无进展，达不到自己或家长期望的目标。这些大学生承受着内心越来越大的压力，对大学生活、同学关系、社会活动反应淡漠，表现为情绪低落，缺乏活力和责任感。

3. 退化

退化是指个人在遭受挫折后出现与自身年龄、身份很不相称的幼稚行为，如像孩子那样哭泣、耍赖、任性，做事没有主见，蒙头大睡等。这实际上是一种防御应对。因为当人们遇到挫折后，如果以成人的应对方式面对挫折，就会产生心理上的紧张、焦虑和不安，受挫者为了避免出现这种情况，往往会放弃已经习得的成人的正常行为方式，而以早期幼儿的方式加以应对，从而减轻内心的心理压力。

4. 压抑

在日常的学习生活中，大学生常常把不愉快的经历不知不觉地压抑在潜意识中，不再想起，不再回忆，由于压抑，痛苦的经历似乎被遗忘，使人在现实意识中感受不到焦虑和恐惧。压抑不同于自然遗忘，它是行为主体的一种"主动遗忘"。但是这些被压抑的痛苦经历并没有消失，它在日常生活中会不自觉地影响人们的心理和行为，并且一旦出现相近的情境，被压抑的东西就会冒出来，对个体造成更大的威胁和危害。严重者会引发心理疾病。例如某大学生因一念之差偷了寝室同学的钱，事后他羞愧难当，内疚不已，可他又没勇气向同学认错。过了一段时间，他似乎把这不光彩的事忘了，内心恢复了平静。实际上这并非真正的遗忘，而是压抑起了作用。以后每遇到同学丢东西，他就怕被怀疑，甚至在同学面前词不达意，举止失常，以致发展到怕见同学，怕见任何人，把自己封闭起来。

5. 固执

有些大学生在受挫后不能适应已经变化了的情况，不分析失败原因，反而盲目重复导致其挫折的无效行为，不接受他人的建议，一意孤行。这就是固执的行为反应。在高校中，固执行为一般发生在一些性格内向、倔强、看问题片面的大学生身上以及以情感为纽带形成的消极的大学生非正式团体中。固执行为的最大特点是非理性，企图通过重复无效动作对抗挫折。它不等于习惯，如果习惯性的行为不能满足需要，人们就会改变它；也不等于意志坚强，意志坚强的人如果知道某种行为不能达到预定的目标，就会改变策略，再作努力。所以，固执是一种不明智的消极对抗行为，是一种不健康的、非理性的反应。

6. 轻生

轻生是人遭受挫折后的极端情绪反应，也是针对自身的转向攻击行为。想到轻生的人一般都曾经处于万念俱灰、生不如死的情绪状态。通常，轻生是在挫折的打击大大超出受挫者对挫折的承受力的情况下发生的，特别是当受挫者将受挫的原因归结为自己，并对自己丧失信心，将自己作为迁怒的对象时更易导致自杀行为。大学生是同龄人中的佼佼者，成长过程都比较顺利，很少遇到大的挫折，他们对挫折的承受力普遍较低，同时大学生又自视很高，自尊心强，所以当受到挫折打击时，容易产生自杀行为。

四、提升挫折承受力，应对挫折

（一）积极面对挫折

面对挫折，要有接纳的心态。

一只鸡蛋落在地上，它悲伤地哭道："我完了，我这只倒霉的蛋。"接着就粉身碎骨，壮烈"牺牲"了。

一块石头落在地上，它愤怒地大叫："谁敢跟我作对？你硬，我比你更硬！"它把地面砸了个坑，但它自己也永远呆在那个坑里出不来了。它气急败坏，但又无能为力。

一只皮球落在地上，它轻巧地换了一个姿势，在地上打了个滚，就又蹦蹦跳跳地走了。

鸡蛋、石头和皮球的遭遇，反映了生活中人们对挫折的不同态度。有的人遇到了挫折，暴跳如雷，继续以硬碰硬。有的人遇到挫折，轻轻一笑，改变一个方向，又上路了。

卡耐基在他的《吸收挫折》一书中曾写道：没有人能有足够的情感和精力，既抗拒不可避免的事实，又创造一种新的生活。你只能在两者间选择一样。我们常常觉得应付挫折是一件困难的事，其实困难在于自己的心态。如果心里坚守拒绝挫折的本能，拒绝面对和接受挫折，那么挫折将会带来更大的痛苦，这个心态比挫折本身更可怕。而如果给挫折一个真诚的微笑，挫折也会反馈给我们以力量。

（二）掌握挫折应对的有效方法

在正确认识挫折的基础上，大学生需要采取科学、理智的方式战胜挫折。

1. 避免错误的有害的不良行为

（1）避免愤怒、生气。美国生理学家爱尔马认为：人生气（10分钟）会耗费人体精力，其程度不亚于参加一次3000米的赛跑；生气时的生理反应十分剧烈，分泌物比任何情绪时都复杂，都更具毒性。大学生受挫后，一定要避免年轻带来的“怒发冲冠”，要尽可能冷静，理智分析，正确对待，最终克服挫折。

(2) 防止自暴自弃。一些大学生受挫后常常表现出消极的自暴自弃的行为，严重影响大学生正常学习、生活。大学生在遭受挫折时，一定要防止自暴自弃，要以青年人的朝气和勇气，在社会、学校、同学的帮助下，以积极的方式，克服困难，战胜挫折。

(3) 切忌借酒消愁。大学生受挫后借酒消愁的情况在高校中时有发生。大学生要明白，酒并不能真正清体，只能对大脑产生一时的麻醉作用，大量饮酒还会造成神经系统和肝脏的全面损害，影响大学生身体健康。此外，饮酒还会引发诸如打架斗殴等一系列社会问题。

2. 正确归因

美国心理学家韦纳对人们失败的归因进行了研究，认为一般情况下，失败由客观因素(包括任务难度和机遇)和主观因素(人的能力与努力)造成。人们把失败归因于何种因素，对以后的活动、积极性有很大影响。把失败归因于主观因素，会使人感到内疚和无助；把失败归因于客观因素，会产生气愤与敌意。

大学生应正确分析自己的成败归因模式，特别要注意避免两种错误的归因模式。如有的学生总是把自己学习的成败，归因于外在因素；另一些同学受挫后，把失败归因于自身的能力、技能和努力的程度，因而抱怨自己，过多地责备自己。这两种习惯性归因，不可能找出造成挫折的真正原因，无助于战胜挫折。总之，大学生受挫以后，应当冷静、客观地分析自己失败的原因，找出造成挫折的真实原因，对挫折做出客观、准确、符合实际的归因，从而有效战胜挫折。

3. 善于灵活应变与情绪转移

大学生遭受挫折以后，情绪往往处于不安、焦虑之中。因此，善于灵活应变，及时理智地转移目标和情绪，对克服挫折相当重要。

(三) 积极寻求社会支持

大量的研究结果表明：在同样的挫折情境下，那些受到来自家人或朋友等较多支持的人比很少获得类似支持的人心理承受能力更高，身心也更健康。英国著名哲人培根曾说：“当你遭遇挫折而感到愤恨抑郁的时候，向知心挚友的一席倾诉可以使你得到疏导。否则这种积郁会使人致病。……只有对于朋友，你才可以尽情倾诉你的忧愁与欢乐，恐惧与希望，猜疑与劝慰。总之，那沉重地压在你心头的一切，通过友谊的肩头而被分担了。”

大学生在遇到挫折时，不要把自己封闭起来，应尽快找自己的好友或家人进行沟通，寻求他们的支持和帮助。当受挫后陷入极端恶劣的情绪中不能自拔，亲朋好友也无能为力时，大学生应该主动放弃偏见，学会寻求心理咨询的帮助，在专业咨询人员指导下及时疏导负性情绪，维护身心健康。

（四）主动接受训练，提升挫折承受力

挫折承受力是磨炼出来的，不是天生的。“台上几分钟，台下十年功”，挫折承受力的提高是一个持久的过程，挫折承受力训练的方法有多种，下面介绍常用的几种。

1. 蹲马步

蹲马步是非常考验人的毅力的一件事情，一开始蹲马步，往往坚持一两分钟膝盖就会酸痛难忍，但是每天蹲，每天增加几秒钟时间，当累得不行的时候，就提醒自己要坚持、坚持、再坚持，经过一段时间，大多感到自己的毅力增强了，以前跑800米不能及格的同学，现在竟然及格了，以前把学习丢到一边的人，也开始能制定计划并坚持按计划行动了。

2. 冬天洗冷水浴

坚持洗冷水浴也是提高挫折承受力的一个好方法。青年时代的毛泽东为锻炼体魄，磨炼意志，就常年坚持洗冷水浴。

3. 经常对自己说下列类型的激励语

不经历风雨，怎么见彩虹，没有人能随随便便成功；自古雄才多磨难，从来纨绔少伟男；宝剑锋从磨砺出，梅花香自苦寒来；天将降大任于斯人，必先苦其心志，劳其筋骨，饿其体肤，空乏其身。

4. 不断地自我激励

当感到生活、学习缺乏激励的时候，可用下列方法自我激励：① 获得成功后立即自我奖励；② 经常与成功人士交往；③ 寻找志同道合者合作；④ 拜会你所尊敬的师长；⑤ 看成功人士传记；⑥ 听成功人士的演讲录音带；⑦ 参加心理素质潜能开发培训班。

教学互动

★ 挫折应对训练一

你遇到过挫折吗？回忆你印象最深刻的一次挫折经历，下面给了你一些提示线索：

时间？

挫折经过？

挫折之后的感受？

挫折后做了些什么？

对挫折原因的自我分析？

你觉得这次挫折给你的生活带来什么改变？用一句话概括你对挫折的认识。

★ 挫折应对训练二

想想挫折有哪些好处？运用发散思维，给出尽量多的结果。

1. 挫折可以让我换个角度思考问题。
2. 挫折可以让我在一段时间内停止行动，得到休息。
3. ____。
4. ____。
5. ____。

★ 挫折应对训练三

现在开动你的脑筋，想出更多的能够创造价值的处理坏情绪的方法。到你需要使用的时候就可以信手拈来。

1. ____。
2. ____。
3. ____。
4. ____。
5. ____。

心理测试

★ 测验一：心理承受力测试

指导语：

对于下面每道题，请根据自己的实际情况作出“是”或“否”的回答。

1. 你认为自己是个弱者吗？A. 是　B. 否
2. 你是否喜欢冒险和刺激？A. 是　B. 否
3. 你生活在使你感到快乐和温暖的班级吗？A. 是　B. 否
4. 如果现在就去睡觉，你担心自己会睡不着吗？A. 是　B. 否
5. 生病时你依旧乐观吗？A. 是　B. 否
6. 你是否认为家人需要你？A. 是　B. 否
7. 晚睡两个小时会使你第二天明显地精神不振吗？A. 是　B. 否
8. 看完惊险片很长一段时间内，你一直觉得心有余悸吗？A. 是　B. 否
9. 你常常觉得生活很累吗？A. 是　B. 否
10. 你是否有一些无话不谈的知心朋友？A. 是　B. 否

11. 当考试成绩不理想时,你会感到非常沮丧吗? A. 是 B. 否

12. 你认为自己健壮吗? A. 是 B. 否

13. 当你与某个同学闹意见后,你一直无法消除相处时的尴尬吗? A. 是 B. 否

14. 大部分时间你对未来充满信心吗? A. 是 B. 否

15. 你有一个关心、爱护你的家吗? A. 是 B. 否

计分方法:

第2、3、5、6、10、12、14、15、18、21、23、24、26、27、30题答"是"记1分,答"否"记0分。其余各题答"是"记0分,答"否"记1分。各题得分相加,统计总分。

结果解释:

总分在0~9分:你的心理承受能力差。你遇到困难易灰心,常有挫折感。

总分在10~20分:你的心理承受能力一般。你能轻松地承受一些小的压力,但遇到大的打击时,还是容易产生心理危机。

总分在21~30分:你的心理承受能力强。你能在各种艰难困苦面前保持旺盛的斗志。

自测后提醒或建议:此问卷仅作为了解自己使用,如有疑问,请咨询专业人员。

★ 测验二:意志力测试

指导语:

本测验共有26道题,每道试题你可按下列情况做出判断。

A——很符合自己的情况。

B——比较符合自己的情况。

C——介于符合与不符合之间。

D——不大符合自己的情况。

E——很不符合自己的情况。

1. 我很喜欢长跑、远足、爬山等体育运动,但并不是因为我的身体条件适应这些项目,而是因为这些运动能够锻炼我的体质和毅力。

2. 我给自己制订的计划,常常因为主观原因不能如期完成。

3. 如没有特殊原因,我每天都按时起床,从不睡懒觉。

4. 我的作息没有什么规律性,经常随自己的情绪和兴致而变化。

5. 我信奉"凡事不干则已,干则必成"的格言,并身体力行。

6. 我认为做事情不必太认真,做的成就做,做不成便罢。

7. 我做一件事情的积极性,主要取决于这件事情的重要性,即该不该做,而不在于对这件事情的兴趣,即想不想做。

8. 有时我躺在床上,下决心第二天要干一件重要的事情,但到第二天这种劲

头又消失了。

9. 当学习和娱乐发生冲突的时候，即使这种娱乐很有吸引力，我也会马上去学习。

10. 我常因读一本引人入胜的小说或看一档精彩的电视节目而不能按时入睡。

11. 我下决心办成的事情，不论遇到什么困难，都会坚持下去。

12. 我在学习和工作中遇到了困难，首先想到的就是问问别人有没有办法。

13. 我能长时间做一件重要而枯燥无味的工作。

14. 我的兴趣多变，做事情常常是"这山望见那山高"。

15. 我决定做一件事情时，常常说干就干，绝不拖延或让它落空。

16. 我办事情喜欢捡容易的先做，难的能拖则拖，实在不能拖时，就赶时间做完，所以别人不大放心让我干难度大的工作。

17. 对于别人的意见，我从不盲从，总喜欢分析、鉴别一下。

18. 凡是比我能干的人，我不大怀疑他们的看法。

19. 遇事我喜欢自己拿主意，当然也不排除听取别人的建议。

20. 生活中遇到复杂情况时，我常常举棋不定，拿不了主意。

21. 我不怕做我从来没做过的事情，也不怕一个人独立负责重要的工作，我认为这是对自己很好的锻炼。

22. 我生来胆怯，没有十二分把握的事情，我从来不敢去做。

23. 我和同事、朋友、家人相处，很有克制能力，从不无缘无故发脾气。

24. 在和别人争吵时，我有时虽明知自己不对，却忍不住要说一些过头话，甚至骂对方几句。

25. 我希望做一个坚强的、有毅力的人，因为我深信"有志者事竟成"。

26. 我相信机遇，很多事情证明，机遇的作用有时大大超过个人的努力。

评分标准：

1. 在上述26道题中，凡题号是单数的试题，A、B、C、D、E依次为5、4、3、2、1分，凡题号是双数的试题，A、B、C、D、E依次为1、2、3、4、5分。

2. 将26道题的得分相加。

结果解释：

总分在110分以上，说明你意志很坚强；

总分在91～110分，说明你意志较坚强；

总分在71～90分，说明你意志只是一般；

总分在51～70分，说明你意志比较薄弱；

总分在50分以下，说明你意志很薄弱。

自测后提醒或建议：此问卷仅作为了解自己使用，如有疑问，请咨询专业人员。

第七章　知识就是力量

——学习能力训练

有一位著名的经济学教授，凡是被他教过的学生，很少有顺利拿到学分的。原因在于，教授平时不苟言笑，教学古板，布置作业既多又难，学生们不是选择逃学，就是浑水摸鱼。但这位教授是国内首屈一指的经济专家，叫得出名字的几位高级财经人才，都是他的得意门生。谁若是想在经济学这个领域内干出一点儿名堂，首先得过了他这一关才行！

一天，教授身边跟着一名学生，二人有说有笑，惊煞了旁人。

后来，就有人问那位学生说："干吗对那种八股的教授跟前跟后地巴结呀！你有一点儿骨气好不好！"

那名学生回答："你们听过穆罕默德唤山的故事吗？穆罕默德向群众宣称，他可以叫山移至他的面前来，呼唤了三次之后，山依然屹立不动，没有向他靠近半寸；然后，穆罕默德又说，山既然不过来，那我自己走过去好了！教授就好比那座山，而我就好比是穆罕默德，既然教授不能顺应我想要的学习方式，只好我去适应教授的授课理念。反正，我的目的是学好经济学，是要入宝山取宝，宝山不过来，我当然是自己过去喽！"

这名学生，果然出类拔萃，毕业后没几年，就成为金融界响当当的人物，而他的同学，都还停留在原地"唤山"呢！

学习是人的自然需要，同时，它又有许多的规律，有许多的奥妙，远不是刻苦学习、努力学习等口号所能替代的。在生命的最初几年里，幼儿以惊人的速度吸取信息，并且不用吹灰之力。那为什么现在还要训练学习能力呢？理由有三：其一，长大以后，人们过多地进行任务性的、强制性的学习，致使幼儿时期那种天才式的、高效的、妙趣横生的学习能力不能很好地完成任务。其二，知识经济时代，学习面临新的对象、新的局面，以往信奉的所有学习的目的、内容、方式、方法都须作深刻检讨并进行调整。其三，提高学习的效率，训练学习能力，开发学习的潜能，对每个人来说都是无止境的，学会学习是为了学得更快、更多、更好。

一、学习及其基本规律

（一）学习的定义及特征

广义的学习是动物和人所共有的心理现象。人和动物的行为有两类：一类是本能行为，一类是习得行为。本能行为是通过遗传而获得的种族经验，是生来就有的。例如，鸭子会游泳，母鸡会孵蛋，婴儿会吸奶等。习得行为是在后天环境中通过学习而获得的个体经验。例如，狮子滚绣球，熊猫骑自行车等等。人的语言的习得，知识技能的掌握，生活习惯的养成，宗教信仰、价值观念的获得，甚至人的情感、态度和个性，无一不是后天学习的结果。人类处于生命发展的最高阶段，其本能行为已经极其有限，人类的行为绝大部分是学习的结果。学习使人类具有了塑造自身和周围环境的巨大潜力，这种潜力为我们同环境保持动态平衡提供了可能。

与动物学习相比，人类的学习在量上有巨大的差别，在质上的差别尤其显著。人类的学习是在生活实践中，在与其他人的交往中，通过语言的中介作用进行的。人类的学习又是有目的的、自觉的、积极主动的过程。我国著名心理学家潘菽对人类的学习下了这样的定义："人的学习是在社会生活实践中，以语言为中介，自觉地、积极主动地掌握社会的和个体的经验的过程。"

学生的学习又是人类学习中的一种特殊形式，属于狭义的学习。学生的学习过程是在各类学校的特定环境中，按照教育目标的要求，在教师的指导下，有目的、有计划、有组织地进行的，是一种特殊的认识活动。这种认识活动与一般意义上的人类学习是有差别的。主要表现出以下一些特征：

1. 计划性

学生的学习活动是在教育情境中进行的，而教育是有目的、有计划地培养人的活动。因此，学生的学习必须根据培养目标的要求，在教师的指导下，按照一定教育的具体要求来进行。学习安排具有严密的计划性。

2. 间接性

按照马克思主义认识论的基本观点，人的认识可分为直接认识和间接认识两大类。直接认识是指人们在亲身参加变革现实的实践活动中直接获得的认识，这种认识的特点是不经过任何中间的环节。间接认识则是指人们虽然没有亲身参加变革某种现实的实践活动，但却通过某些中间环节（如书刊之传闻、讲授等）获得了有关变革这种现实的认识。根据学校教育的特点，学生要在有限的时间内掌握人类最基本最主要的知识、技能和技巧，因此学生的学习活动，既没有必要也不可能时时事事都直接参加实践，必须以学习间接知识为主。尽管学生在学习过程中，也可能有发明创造，但主要的和大量的还是学习、继承前人积累起来的间接经验。

3. 高效性

学生的学习活动是在教师的指导下进行的，教师在学生的学习过程中起着极其重要的作用。教师是经过教育和训练的专职教育工作者，他们按照一定的教育目的和要求，根据一定的计划，有系统、有组织地进行教育工作，这样就使学生的学习比在日常生活中的学习有效得多。教师的指导和传授可以使学生的学习避免反复探索的曲折道路，能够在较短的时间内取得更有效的学习成果。

（二）学习的基本规律

1. 记忆遗忘规律

学习离不开记忆，一切学习活动都是从记忆开始的。失去记忆，人类将永远面临一个陌生的世界。正因为有了好的记忆力，人类才能建立起现代的文明社会。

什么是记忆？记忆是人脑对过去经验的保持和提取。它是人脑积累知识经验的一种功能，有“心灵的仓库”之美称。探索记忆的奥秘已引起不少学者的兴趣。早在古希腊时期，著名学者亚里士多德就对记忆现象有较多的思考。他在《记忆和思想》一文中，提出了一些有价值的理论，如记忆与回想的定义、记忆的特点、操作方式与心灵功能的关系等。他认为联想有助于回忆，为此提出联想的三大定律：接近律、相似律和对比律。这些虽是凭借日常生活的观察经验而立论的，但却对此后的记忆研究起到了推动作用。17 世纪英国的联想主义者 J·洛克和 D·休谟等对记忆作了较完备的解释。19 世纪末，德国的 H·艾宾浩斯真正开创了对记忆的实验研究，他对实验的结果进行数量分析，从中发现了保持和遗忘的一般规律，这些研究在 100 多年后的今天仍有不可磨灭的价值。

艾宾浩斯首先对遗忘现象作了系统的研究，他以自己为被试，用无意义音节作为记忆的材料，用节省法计算出保持和遗忘的数量。实验结果见表 7-1，用表内数字制成一条曲线，称艾宾浩斯遗忘曲线（见图 7-1）。

表 7-1　不同时间间隔后的记忆成绩

时 间 间 隔	重学时节省诵读时间的百分数
20 分钟	58.2%
1 小时	44.2%
8～9 小时	35.8%
1 日	33.7%
2 日	27.8%
6 日	25.4%
31 日	21.1%

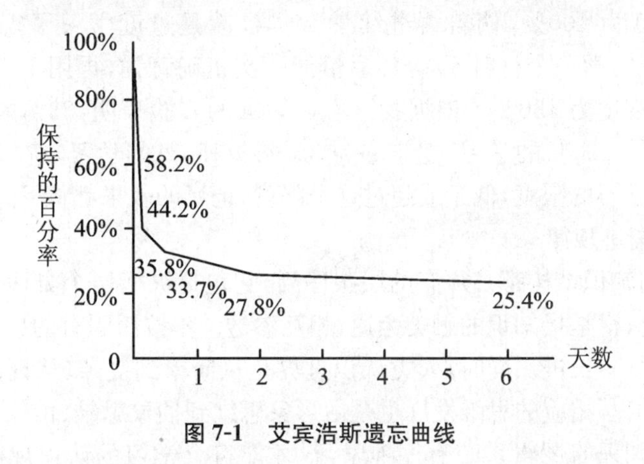

图 7-1　艾宾浩斯遗忘曲线

艾宾浩斯遗忘曲线，因其纵坐标代表保持量，也称艾宾浩斯保持曲线。该曲线表明了遗忘发展的一般规律：遗忘进程不是均衡的，在识记的最初时间遗忘很快，后来逐渐缓慢，而一段时间过后，几乎不再遗忘了，即遗忘的发展是"先快后慢"。这也就是说，遗忘是在学习之后急速进行的，要想防止和减少遗忘，就必须尽早地加以复习。

进一步的研究表明，除了受时间因素制约以外，记忆还受其他因素所制约。就识记材料的性质而言，一般来说，熟练的动作遗忘得最慢。其次，熟记了的形象材料也容易长久保持。有意义的文字材料，特别是诗歌要比无意义的材料保持得多，遗忘得慢。

就识记材料的数量而言，识记材料的数量越大，识记后遗忘得越多。有实验证明：识记 5 个材料的保持率为 100%，10 个材料的保持率为 70%，100 个材料的保持率为 25%。即使是有意义的材料，当识记数量增加到一定程度时，遗忘率也会接近于无意义材料的遗忘曲线（索柯洛夫的实验）。

就识记材料的意义而言，凡不引起被试兴趣，不符合被试需要，对被试生活不占重要地位的材料，往往遗忘得快，而有意义的材料就遗忘得慢。

就识记方式而言，多种记忆类型的协同记忆以及多种感官的协同识记，比单一类型或单一感官的识记效果好。有人做过一个实验：让第一组被试只看某一识记材料，第二组被试只听同一内容，第三组被试既看又听。结果发现，视觉识记组可记住内容的 70%，听觉识记组记住 60%，视听识记组可记住 80.3%。事实表明，多种感官在识记活动中同时发挥作用，可取得良好的识记效果。

学习程度对遗忘也有较大的影响。一般说来，学习程度越高，遗忘越少。过度学习达 150%，保持的效果最佳。所谓过度学习是指学习的巩固程度超过刚能背诵的程度。比如，学习一个材料，20 遍后恰能一次正确无误地背诵，此时，称这 20

遍的学习程度为100%,倘若再继续学10遍,就是过度学习了,其学习程度为150%。又比如,学一个材料30分钟后恰能一次正确背诵,再用15分钟进行过度学习,其学习程度为150%。根据我国心理学家的实验表明:33%的学习程度,遗忘率为57.3%;100%的学习,遗忘率为35.2%;150%的学习,遗忘率为18.1%。150%为过度学习的限度,低于或超过这个限度,记忆的效果都将下降。

2. 循序渐进规律

序是任何知识结构都必须有的层次序列,它包括纵横两个方面。纵是指知识的积累和深化,横是指知识的触类旁通、相互渗透。不按照固有的层次序列去学习知识,就不会学有长进。同时,人类认识世界是从简单到复杂、从现象到本质逐步深化的渐进过程,相应的思维发展也是由形象思维到抽象思维、由低级到高级的过程,只有按照知识的逻辑系统有序地学习,才能符合学习的认识规律和思维发展规律。

学习是一个循序渐进,不断积累知识的过程,绝不是一蹴而就的。"不积跬步,无以至千里;不积小流,无以成江河。"人类的所有知识都是不断积累的结果。人类的学习史告诉我们,人类早期只能掌握简单的适应生存环境的经验结构。经过漫长的岁月和不断实践,随着人类食物结构的变化,脑容量增加,认识世界的能力进一步提高,人类开始寻找改造世界的方法,形成了新的经验系统。在这一学习过程中人类的经验不断得到充实,内容不断增多,质量不断提高。

学习过程还是知识经验不断积累、从量变到质变的过程。知识经验积累到一定程度,就会使学习主体的智力产生质变,跃进到一个新的层次;然后,在新的层次上再积累并再发生新的质变……所有发明创造、科研成果、好著作、好论文、好思想,都是这种飞跃的结果。没有量的积累就不会发生质变。但知识的积累应该有所选择,有所侧重,并有先进的方法作指导,这样才能产生较好的效果。

3. 学思结合规律

知识、信息被认知后,还需内化理解、编码、贮存和加工,使获得的知识升华,以改善原有的智能结构或形成新的智能结构。所以统驭理解、保持这两个学习过程的基本规律,应该是学思结合规律。

学,是指信息的输入,学习新知识、新技能以及社会行为规范等。思,是指信息的处理加工。学与思也是一对辩证统一的矛盾。明末清初的伟大思想家王夫之对此曾有一段精辟的论述,他说:"致知之途有二:曰学曰思。学则不恃己之聪明,而一惟先觉之效;思则不拘古人陈迹,而任吾警悟之灵。……学非有碍于思,而学愈博则思愈远;思正有功于学,而思之困则学必勤。"意思是说:人们求知的途径有二,一是学,二是思。学的时候,可不问自己的聪明才能如何,只有向先知者进行学习,才能得益;而思则不一定完全遵循古人的陈迹,而要自己去深思熟虑。所以学不仅不妨碍思，并可因学习愈广博，而思虑能愈深远；思是有助于学的，因为思虑时有了困难，便更须加紧学习。孔子提出“学而不思则罔，思而不学则殆”。他们都提出学思不可分离；如果分割开来，学习绝无长进，不是学之“罔”，便是思之“殆”。这就明确地论述了学与思之间的辩证关系，揭示了学思结合规律的内涵。同时也说明了只有学思紧密结合，才能提高学习效率。

古今中外，有贡献的科学家，都十分强调思考在学习和科学研究中的地位和作用。一天深夜，著名物理学家卢瑟福走进了他领导的实验室，看见一个学生在那里搞实验。卢瑟福略微迟疑了一下，便过去问那个学生：“这么晚了，你还在做什么？”学生回答说：“我在工作。”“那你白天干什么呢？”“也在工作啊！”“早晨你也在工作吗？”“是的，教授，我从早到晚都没有离开实验室。”学生说得很肯定，以期博得老师的夸奖。不料，卢瑟福反问了一句：“那么这样一来，你用什么时间来思考？”

牛顿说：“如果说我对世界有些贡献的话，那不是由于别的，却只是由于我辛勤耐久的思索所致。”

普朗克说：“思考可以构成一座桥，让我们通向新知识。”

爱因斯坦说：“学习知识要善于思考、思考、再思考，我就是靠这个学习方法成为科学家的。”

科学史上的无数巨人之所以比同时代的人站得高、看得远，就在于他们观察事物不是浅尝辄止，停留在表面的感性认识阶段，而是善于思索、勤于琢磨，力求由表及里地找出现象后面的本质的东西，捕捉事物的内在联系，从而有所发现，有所发明，有所创造，对科学事业做出了较大的贡献。

4. 知行统一规律

学思结合规律主要揭示了学习过程的感知、理解、保持等学习环节中的内在关系，解决了信息的输入、贮存与内化问题，但还未揭示学习发展的最终趋势，没有指出学习的实质是改造主客观世界的问题。揭示这个环节的基本规律是知行统一规律。知，是对知识信息的输入、理解和掌握；行，则是把知道了的知识信息用于实际，见诸行动，产生意识行为效应，改造主客观世界。显然，该规律揭示的主要问题就是学习的本质问题，也就是学习发展的必然趋势和最终归宿。

学习的本质是知行统一。古今思想家、教育家都很强调学习的实践意义。孔子主张言行一致；荀子更是注重行为的人，认为“行之，明也”；朱熹指出：“学之之博，未若知之之要；知之之要，未若行之之实。”这是强调，学懂了，还不如去实行来得切实。明代思想家王守仁更是明确指出，真正的知识就是为了用以实践的，不能付诸实践的就不足以叫做知识，即“真知即所以为行，不行不足以谓之知”。王夫之在谈学习的本质时说，只有在实践的基础上努力学习，才能逐步达到对事物的深刻认识；做学问的人，从来没有离开行去求知的。

近代有些教育家,对学习的实践意义也是非常重视的,如陶行知就说:"先生拿做来教,乃是真教;学生拿做来学,乃是真学。"这虽是从教学角度谈如何解决学用一致的问题的,但教学双方,如果"不在做上用功夫,教固不成教,学也不成学"。

毛泽东同志衡量学习的标准是:对于马克思主义的理论,要能够精通它,应用它,精通的目的在于应用。这也是从"知行统一"的观点出发看待学习本质的。

综上所述,人的学习,既是学习生活,又是学习实践;既是为了知,又是为了行;绝不是为"学"而学,而是为"用"而学。概括为一句话,学习就是在学习实践中获得知识,从而达到知行统一,指导后来的再学习。

知与行是学习过程中的一对矛盾,"行可兼知,而知不可兼行"。就是说,行可以包括知,而知不完全包括行。人们的学习不只是为了单纯获知,更重要的是要落实到行上,落实到改造世界的实践上,因为学习的目的全在于应用。

5. 环境制约规律

人,作为学习的主体,是受环境制约的,其学习也必然受到环境的制约。人是社会与自然的统一体,其环境制约也来自社会和自然两个不同的方面。

人作为学习主体受制于他所处的社会环境。从大的方面来讲,社会生活安定,社会风气良好,经济秩序稳定,都会使学习主体心理上的安全感和荣誉感增强;来自于外界的干扰减少,就会促进学习的发展。从学习的主体来讲,经济生活困窘,人际关系恶劣,就会影响学习的效果。另外,社会为学习主体提供的学习条件,如师资力量、教学实验手段、校园环境、娱乐设施等,也可直接影响到学习的效果。

人作为学习主体受制于他所处的自然环境。人不仅只是社会的人,而且也是自然的人。作为自然的人,首先,必须学习适应环境、利用环境和改造环境。人在受环境制约的同时,还必须向环境学习。不同的环境条件,规定着人们不同的学习方向。其次,还要受自然性规定的遗传因素和大脑构成等生理因素的制约。遗传学的研究表明,染色体异常病变患者同正常人之间的智力差距是十分明显的,学习的困难也显而易见。大脑组织的损失,更对学习者有直接的影响。第三,人的学习还要受到人自身的自然属性的制约。适当的睡眠是发展智力的重要条件,睡眠不足或过量,都会影响体内蛋白质、脂肪和糖的新陈代谢,影响大脑重新组合整理摄入信息的功能,也会有不同的学习效果。

当然,人和动物不同,人具有独特的能动性和创造性,人不但能学习适应环境,而且还能学习利用环境、改造环境。环境对学习有明显的制约作用,但是良好的学习环境是要靠人去争取、去创建的。顺境可以使人学习成才,但如果身处顺境不勤奋、不进取,也会成为庸碌之辈。而身处逆境奋斗不息,追求不止,成才者也举不胜举,哥白尼、伽利略、贝多芬、诺贝尔、马克思都是杰出的范例。

二、大学生学习方面的一般问题

(一) 专业学习方面的心理冲突

有相当部分的大学生由于填报专业志愿的盲目和失误及招生录取调配志愿等方面的原因,对自己在进入大学以后所学的专业不感兴趣,或由于相应的专业学习能力的欠缺,而使其在完成专业学习任务时倍感艰难从而丧失学习兴趣。这种情况甚至在少数大学生身上有十分严重和极端的表现。这些丧失专业学习兴趣的学生中有一部分学生可以通过自己的努力调整和适应性的改变,比较顺利地渡过各种专业学习和考试的难关,达到合格,顺利毕业。而另一部分学生则没有这么幸运,他们由于普遍缺乏应对这类问题的良好心态、心理准备、应对策略以及切实有效的方法、克服困难的良好心理品质和改变现状的实际行动,往往在丧失了专业学习兴趣以后出现各种消极茫然的心态和退缩性的表现,如逃课、睡懒觉、泡网吧、整天无精打采、对现实充满了空虚感而对自己的未来则充满了迷茫和无奈。一个非常典型的案例是在一项名为"大学生自我发展定位"的调查中,有一个大二的男生这样回答:"我考上大学后好像没有什么明确的目标和定位,我是调配志愿来到这个学校的,现在的专业我根本不感兴趣,没办法。平时我想听课就去听听课,不想听课就睡懒觉。睡觉是我最喜欢的事,因为睡觉的时候什么都可以想,什么都可以不想。"有的学生对专业课老师的正常教学活动和安排不配合甚至充满敌意。例如:一个专科学法律的女学生专升本时想转专业学热门的经济管理专业。为此她在努力完成法律专科的学业任务的同时又挤出时间自学经济管理方面的专业基础课程,经过严格的考试终于考取了理想中的让同学们羡慕的经济管理专业本科。但是她开学第三个月就开始逃课,整天泡网吧,四个月后她泪流满面地走进了学校的心理咨询中心,请求心理辅导老师帮助她找学校转专业。由于这位女大学生以前是文科生,数学底子薄,所以进入经济管理学院学习"西方经济学概论"、"高等数学"、"统计学"等专业基础课时感觉有困难,时常听不太明白,跟不上进度,学科思维方式要转换很困难,同时发现自己的学习兴趣也根本不在这个专业上,专升本时只是觉得经管专业很热,很多的同学报考就盲目跟报了。更有意思的是这个女大学生告诉心理老师,她在上"西方经济学概论"这门课时,经常由于听不懂老师的讲课内容而产生焦虑感,面对问题和挫折,她采取的应对策略之一居然是很幼稚地在课堂上边听边骂老师"你想害死我吗"。

以前我们的学校和老师习惯简单地用"专业思想不巩固"、"学习态度不端正"等评语来评价这样的一些学生,用"既来之则安之"的观念来教导学生。但事实上,仅用这样的主观视角和简单的思想教育方法是不能真正有效地帮助大学生解决在专业学习上遇到的困难和心理问题的。

（二）考试压力和心理疾病

考试是对大学生形成普遍心理压力的一个重要的刺激源。许多大学生由于不能承受大学阶段的学习和考试的压力而陷入各种各样的心理障碍和心理疾病之中，还有更多的学生则是因为带着一种不健康的心理状态去学习和考试而使得自己的学业处于一种失败或不理想状态。

1. 失眠和神经衰弱

神经衰弱是一种由于不良的性格特点（如敏感多疑、思虑过多、易受外界刺激、情绪易波动、心胸不开阔、自我调控力差等）和不良的心理社会因素（如长期的学习压力、情绪紧张、心理冲突导致的神经活动过度紧张和疲劳）引起的神经症。有一个大三的女生，长期以来生活在失眠的痛苦中，几乎在学校的每晚都睁着眼睛睡不着觉，所以一到晚上睡觉的时间就特别紧张，而白天上课时却打不起精神，注意力无法集中，老师讲课的内容听不进，自己看书时会发生阅读理解和记忆思维障碍，情绪烦躁，对声音敏感，和同寝室同学关系也因此很紧张。这个学生自诉大一第二学期补考两门课程以后就开始出现这种症状，正常的学习任务已很难完成，面临休学，心理压力极大，痛苦不堪。

2. 强迫症状

有部分学生由于性格内向、谨小慎微、胆小怕事、思虑过细、追求完美、过分注重他人的社会评价等原因，再加上学习竞争压力和考试挫折带来的激烈内心冲突而出现各种强迫症状和强迫倾向。有一个大二专科男生，因为大一下学期得知学校“专升本”的名额有限，每个班综合测评前几名才有希望，而其中考试成绩占很大的比重时，平时学习成绩还不错的他居然选择了作弊来保证自己能“万无一失”地得到理想的优异成绩，结果被监考老师发现逐出考场。学校对考试作弊的学生的处罚是“视情节留级或勒令退学”，于是他被留了一级。这次挫折给了这个好胜心强、追求完美的学生很大的打击，他感到很没有面子，留级的现实是他根本无法接受的。他变得更加内向自卑，不怎么愿意和老师同学说话。有一天他走进了心理咨询中心，他告诉心理辅导老师：他现在非常想与同学交流，渴望他人的理解，但是却又害怕和别人说话，怕遭到同学的取笑，也怕说话时自己的口水溅到同学身上。于是他沉默了，强迫自己尽量不说话或少说话，不得不说话时他常会很紧张地边说边用手擦自己的嘴或用手捂住自己的嘴。而另一个女研究生在遇到学习压力和问题时则是用强迫自己不停地吃零食来逃避对学习压力的焦虑和不安，缓解强烈的心理压力。强迫症是一种典型的由强烈的心理冲突导致的神经症。这些大学生在心理疾病出现以前即存在强烈的难以调节的内心冲突和潜在焦虑，而后来出现的强迫症状则是他们选择的一种病态的企图使前一种紧张焦虑得以“转移和释放”的“心理防御机制”。最后他们发现和意识到这种强迫症状的不必要并竭力要去抵抗和控制它，从而形成新的心理冲突和紧张焦虑。

3. 精神分裂

有这样一个心理咨询案例，一个大三女生连续两次英语四级考不过，非常担心拿不到本科文凭，她分析了一下主要原因是自己的词汇量不够，于是她暗自下了一个决心：把《牛津双解英汉词典》背下来，不相信自己这样还过不了英语词汇关。就这样为了能在大四的最后一次英语四级考试中通过，她制定了严格的背单词计划并且坚持了大半年，经常幻想自己通过四级以后的喜悦，甚至连晚上做梦时都在读英语单词，但是在她梦中的考试经常会遇到难题而不能通过。终于功夫不负有心人，大四时她如愿以偿地通过了英语四级考试。可是不久问题就出现了，这个学生开始产生幻觉和妄想，她经常告诉同学：她听见某某伟人在对她说话，她经常说“鲁迅是我舅舅”，“我的某某亲戚是市长”等。情绪不稳定，时而狂躁时而抑郁，经常和同学吵架。这个大学生虽然靠自己的意志和毅力通过了英语四级考试，但是这种强迫、偏执和经常性的幻想甚至是妄想已经把她带到了精神分裂的边缘。其实在现实中像这样为了通过大学英语四、六级考试和计算机等级考试而焦虑紧张、忧心忡忡、寝食难安的大学生还有很多，在基础较差的学生中这种情况还很普遍。

4. 自杀

面对考试，大学生们在心态、应对策略和心理承受力上大不一样。一些学习基础差的学生和害怕考试的学生对考试特别紧张，个别的甚至选择自杀来解脱。一个从青海考入某大学的女生，因每学年补考多门课程而厌学，平时少言寡语，喜欢一个人呆在寝室里，不喜欢和同学老师交流。班主任老师采取了措施，安排几个班干部轮流抽课余时间去帮助她，可是由于她的基础太差，过多的考试挫折已使她彻底丧失了学习兴趣和自信心，所以在大二下学期第五周时她不辞而别，独自一人跑到成都的另一所大学她的一个中学同学那里呆了整整一个月，学校老师同学经过多方打听才把她找回学校。虽然有老师和同学的关心和支持，但是这个脆弱的女大学生有一天还是把从学校医院看病取回的安眠药积攒在一起全部吞了下去，以自杀的方式结束了年轻的生命。她的这个举动令所有曾经关爱过她的老师和同学非常吃惊和惋惜，更令她的父母悲痛不已。

（三）学习动机和兴趣问题

有一部分大学生由于在以往的中小学阶段，受到升学的压力而努力学习，老师和父母对他们的最大希望和要求就是考一个好的分数和好的名次，考上重点中学和重点大学,出人头地,为父母争光,为老师争光。而这类学生往往还是天资聪明、学习努力、学习成绩不错的学生,他们往往自尊心强,好胜心也很强,无数次的考试比赛和学习竞争中他们往往都能出类拔萃,所以自信心也很强。他们从不怀疑自己的学习能力,坚信"学习成绩好"是天经地义的生活目标和追求。但是除了学习和学习成绩以外,他们好像什么都不太关心,也不感兴趣,对于为了什么而学也概念模糊,说不太清。学习是为了学习好而学,学习是为了考一个好的分数而学,学习是为了获得老师、父母、同学的好评而学,学习是为了证明自己的聪明和实力而学。

有这样一个大三的女学生,考试成绩年年全班第一,老师觉得她今后肯定前途无量,同学们对她很羡慕,甚至崇拜,她的自我感觉也是不错的,直到有一天,她哭泣着给学校心理咨询中心的老师写了一封厚厚的长信。很有戏剧性的情节是:虽然她十分迫切地需要心理辅导老师的帮助,但强烈的自尊心却使她羞于来面见心理老师。她第一次把写的信交给了一楼值守办公楼的老大爷,请他转交给心理老师,第二封信则放在了学校大门收发室然后打电话让心理老师去取,而且化名"小雪",让心理老师把回信放在收发室她自己去拿。心理咨询老师给她的两次回信的内容都是除了帮她进行心理分析以外,希望并鼓励她能到心理咨询中心来作面对面的交流,寻求能切实帮助她解决问题和困扰的办法。终于有一天,这个化名"小雪"的女大学生走进了学校心理咨询中心。通过学校心理咨询中心老师的分析和帮助,她自己已经很清楚地意识到:盲目的学习竞争,已使她自己生活的惟一目的变成了不断地寻找对手,然后拼命地想方设法超过他们以至于最后迷失了自我。

另一个大二的男学生有一次期末"生理生化"课程考了全班第一,但他走进学校心理咨询中心很苦恼地告诉老师,令他迷惑不解的是他却从此失去了对这门课程的学习兴趣。通过和心理咨询老师倾心交谈,这个学生才意识到是由于自己完全不重视学习的真正目的和意义,在学习的过程中只是注重为了考试而学、"打锭子"、猜重点,也没有很好地注意培养学习兴趣和挖掘学习过程中的学习情趣,更没有很好地把自己在大学期间的专业课程的学习和自己未来的职业理想和职业目标很好地给合起来,所以才出现了这种学习成绩好而学习兴趣不高的强烈反差。这种情况其实不止发生在个别学习成绩好的学生身上,具有一定的代表性。有一个大二的女生,学习成绩很好,在课堂上是老师喜欢的活跃分子,老师每次提问,她几乎都是第一个高高地举起手,可是有一天她也向心理辅导老师发出了这样的疑问:"我经常看见学校这么多同学和老师每天都这么辛勤忙碌,我自己也一样,可是我其实不太理解我们这么忙碌辛苦地工作学习的最终目的和意义是什么。我有些困惑。"

（四）学习方法和习惯问题

进入大学阶段学习的任务要求更高、学习内容更加丰富、学习难度加深、教师的教学个性化等因素客观上要求大学生必须探索和总结出一套良好而有效的学习策略和学习方法，“学会学习”、培养独立获取信息的能力显得尤为重要。有相当一部分大学生整天把学习放在心上，白天上课准时，晚上上晚自习不缺席，周末也经常泡在图书馆里，可谓非常刻苦努力，但是却得不到好的学习成绩的回报，也非常灰心和苦恼。就像一个大四的男生说的那样：“我可能天生不是学习的材料吧！”其实，很多大学生进入大学以后，不太了解大学阶段与中学阶段的学习要求和学习特点有较大的区别，很长时间都不能适应大学阶段的学习规律和大学老师的教学方式，没有成功地摸索和总结出有效的学习策略和学习方法，所以也成为不能适应大学生活的大学生。有的学生还为此焦虑、自卑甚至自暴自弃。有这样一个大二的学生，他是全班同学公认的学习最刻苦的学生，每天总是第一个进教室，最后一个出教室，可是对于大学老师通常不按一本固定的教材的内容顺序讲课的教学方式和老师的考试题目灵活又需要综合学过的知识分析或论述问题的考试方式一直不适应，总觉得不得要领，因此考试成绩也一直不理想，看着自己在班上越来越往下滑的名次就心生焦虑，晚上也因此长期性失眠和偏头疼。在中学的时候他学习成绩其实一直不错，进了大学后，他认为只要像以前一样，上课认真听讲、认真记笔记，考前认真背笔记就能成为学习成绩优秀的学生了，但结果却没能如他所愿。

（五）自我发展定位问题

为了更好地培养出社会发展所需要的人才，使教育能真正为社会经济、政治发展服务，近年来党和国家提出了“大力开展素质教育”的新的教育方针，强调大学生不仅要学习成绩好，而且要全面发展和提高“专业素质、文化素质、身心素质和思想政治素质”。全国各高校也根据自己的实际情况向大学生提出了全面提高和发展综合素质的要求，努力使培养出来的人才更好地适应飞速发展的时代要求。知识经济和改革竞争的时代，使得既拥有先进知识技术又具备全面综合素质的人才成为这个时代真正的“宠儿”。时代在给予我们的大学生更多的机遇和更大、更精彩的发展空间的同时，也赋予这一代大学生更重的责任。越来越多的大学生已经意识到这一点，他们在努力完成各种知识积累的同时也积极参加各种社会实践活动，自觉培养和提高自身的各种能力，积极适应社会发展对他们的挑战和要求。但同时也有不少的大学生深感学习和自我发展的任务沉重，甚至感到力不从心、时间精力不够用；有的大学生感到时常会顾此失彼，不能很好掌握知识学习和能力发展之间的平衡。比如有的大学生为了锻炼自己的社交和管理能力,当好班干部,花去了大量时间,学习成绩下去了;有的大学生在大学毕业后先考研究生还是先就业的问题上彷徨;有的大学生花掉大量精力在英语和计算机的学习和过级上面,专业学习的精力实在不够;有的学生连周六、周日都在上课,为根本没有时间发展自己的兴趣和能力而苦恼等等。

三、有效学习的方法与策略

(一)认识学习,拥有自信

影响学习的心理要素,可以概括为智力和非智力因素。其中,智力又包括观察力、注意力、想象力、记忆力和思维力等五个方面。智力居于学习能力中的核心地位,是学习能力形成和发展的杠杆,决定着学习能力的高低强弱。人群中,智力状况呈正态分布。我国心理学家对十多万人的调查表明,智力特别高的人占千分之三,智力特别低的人占千分之三,对大多数人而言,基于智力的略微差异所导致的学习能力的差异是十分微小的。倒是非智力因素,如情感、意志、动机、兴趣、性格等的影响起了重要作用。因而,在先天智力的基础上,对非智力因素的开发正是学习训练的着眼点。

关于学习能力,心理学研究表明,23岁时人的学习能力达到高峰,但该能力曲线在20～50岁是一个高原地带,其间变化甚微。因此,在我们注意到儿童的学习能力由于教育而随年龄增强时,也该看到成人的学习能力也是不可低估的。更进一步地说,"活到老,学到老"并不只是一句口号、一个梦想,或者只是一种姿态,而是一种具备了客观物质基础的生存需要。

据科学家推算,人脑大约是由1000亿个神经细胞组成的,它可以贮存1000万亿信息单位。假定一个汉字按10个信息单位计算,一个人每小时读10000字,一天按8小时计算,1000万亿信息单位相当于一个人读300万年所接受的信息量。人类大脑的潜力是相当大的,甚至是无限的。它是任何智能化的机器所无法比拟的。国内外学者一致认为,人类目前只利用了脑力的10%,有的认为只利用了1%,未被利用的人类的脑潜力竟然高达90%,甚至更多!

列举这些研究数据,只是为了告诉大家:作为一个人,我们现在所做的,仅是我们可能做到的之中的极其微小的一部分,如果我们不仅仅满足现状的话,我们并没有生理上的限制在阻碍自身的发展。每个人都有可能像最成功的人士那样尽可能多地发挥自己的潜能。

大量研究发现,越是不愿意让大脑休息的人,他的大脑通常越为管用。人的内在能量是属于那种你越高估越不容易出错的东西。

坚信自己并不比别人差！

坚信自己可以是十分优秀的！

要学习好，要学习得卓有成效，首先要有充足的信心，高尔基说过："只有满怀自信的人，才能在任何地方都怀有自信沉浸在生活中，并实现自己的意志。"

如果说力量是成功之母的话，那么信心便是力量的源泉。坚定的信心能使人拼命，使人具有一种无坚不摧的内在精神力量。光有自信，不一定会取得成功；但没有自信，是绝对不可能成功的。

这个世界是由信心创造出来的！

"先相信你自己，然后别人才会相信你。"自信心，是这个"系统工程"的灵魂和前提。其实，所谓信心，就是希望。

要想树立信心，就要时刻鼓励自己，坚信"我能"、"我可以"，并为这种信念找到依据。除了了解人类的学习潜能之外，我们可以从以往的生活经历中为自己归纳成功的足迹和成功的素质。既然从前我能克服困难取得成功，那么今天更加成熟了的我应当比从前更能从容不迫地去迎接挑战。

在有信心的基础上，要培养兴趣，磨炼意志，热爱学习，注意思维力、想象力、创造力的训练。

（二）明确目标、端正动机

"仰之弥高，钻之弥坚。"

学习目标是通过学习想要达到的境地和标准，是未来行动的基本纲领。有了目标，我们就有了学习的方向，并坚定了走向未来的信心。

目标能催人奋进。从人的本性上来说，追求是人内在的精神需求。明确的学习目标具有使人奋发向上的作用。

目标对学习还具有维持作用。复杂的学习活动中不免产生失败、畏难等负面情绪，此时目标的存在对人的不良情绪能起到调节控制的作用。使人把空想、烦恼及苦闷等抛诸脑后，专心学习，努力实现既定的目标。同样，它还能控制学习的时间与节奏，使人在目标的鞭策下规范自己的行为，使学习能匀速、持续、稳步地进行，杜绝三天打鱼两天晒网的现象，大大提高学习效率。

学习动机是唤起个体进行学习活动、引导行为朝向一定的学习目标，并对此种活动加以维持、调节和强化的一种内在历程或内部心理状态。动机可以由内驱力或诱因激起。毋庸置疑，良好的学习动机除具有动力（始动）作用外，还有定向，引导、维持、调节、强化等功能。我们可以从心理学研究得出的学习动机的变化规律中得出几条规则以激发和维持学习者的学习动机。

(1) 在没有任何学习动机时，可以创设各种外部条件，以激发学习者的外部学习动机。具体做法可分为三类，即目标与反馈、表扬与批评（或奖励与惩罚）、竞争（竞赛）与合作等。及时的表扬无论对被表扬者还是其他人都有一定的行为肯定和激励作用，有助于此行为的维持。同样，适度的批评对于不提倡行为的抑制有相当影响。因而，对于一定的学习成果可以用精神奖励和物质奖励相结合的方式进行鼓励，诸如旅游、看电影、购买一定的个人嗜好品等都是可取的。

（2）有目的地培养学习者的学习需要、学习兴趣、学习热情以及科学的信念、理想和世界观，并积极引导这些内部心理因素转化为内部学习动机。把高远的理想同目前的学习行为结合起来。例如，对于有志于当一名计算机工程师的学生，我们应该让其明白打好扎实的数学基础是必需的，而良好的古文功底是学习考古学等的根基，学习目标与个人理想的统一，能大大提高学习热情和学习效率。

（3）以激发和维持学习者的内部学习动机为主，适当利用外部学习动机，使两者并行不悖，或者轮流交替。即使有很强的学习动机，也可能因为长时间的重复或枯燥的学习劳动而感到精神疲惫，因而一定的新鲜的外在刺激对于学习兴趣的维持具有十分重要的意义。

（4）将直接的近景性学习动机与间接的远景性学习动机相互结合，取长补短，使具体与抽象相结合、立竿见影与稳定持久相结合。具体操作过程中可以系统地确立一个高远的理想，并以此为方向确立合适的由低至高、由近及远的一系列阶段性目标。始终以理想为导向，不断重复“努力奋斗——目标实现——更新目标”这一过程，在这种表面的往复中取得实质性的飞跃。

（5）要注意控制学习动机的强度。在一定的范围内，学习动机强度的增强有利于学习效率的提高，特别在学习力所能及的课程时，其效率的提高更为明显，但在较困难的课题中，学习效率反而会由于学习动机强度的增强而下降。例如，“怯场”现象中很大一部分是出于要考出好成绩的动机过于强烈而导致了情绪过度紧张，从而抑制了回忆和思维的灵活性。

（三）创造条件、激发活力

学习是个体主观能动的行为过程，但也离不开外部环境的影响，学习环境具有层次性，可分为三个层次：首先是宏观层次，即社会环境，包括国家的政治环境、社会的经济环境、大众的生活环境和民族的心理环境等。其次是中观层次，即社区环境，包括学校环境、家庭环境、社会团体环境、地域文化经济环境等。而就大学校园来说，即便是同一城市的北大与清华、复旦与交大也各有特色。再次是微观层次，就是通常所讲的“教育环境”，即具体的自我学习和小组学习环境。例如20世纪80年代中国全民皆商，大家都希望迅速致富，那时“造原子弹的不如卖茶叶蛋的”等“读书无用论”盛行，考研究生很少有人问津，而到了90年代，知识经济初见端倪，考研热一年胜过一年,1994年仅11万人报考,而到了1999年便已达到了32万人的规模,日益庞大的考研大军已成了校园的一道风景线,而针对考研的书籍和辅导已成了一种新兴的社会产业。

宏观和中观的学习环境具有很强的社会导向性和规范性,环境和社会对人格和行为模式的塑造有着不可低估的作用。但这两个层次的学习环境不是学习者个人能够左右的,在学习过程中,对于微观环境的改良往往能收到显著的效果。

微观的学习环境是一个复杂的系统,包括学习场景、学习组织、学习气氛以及学习中的人际关系等组成部分。它既是物理的,又是心理的;既是有形的,又是无形的。

学习环境中的物理因素是显而易见的。清新的空气、明亮的光线、宜人的温度和安静的空间,这些因素都有助于学习者集中精力,提高学习效率。另外,完备的教学设施、设备,高效的学习用具、传递媒体和充足的资料信息等物质条件可以满足不同层次、不同类型的学习者的需求,使其感到方便、实用,吸引学习者积极热情地投入到学习活动中去。因而,在物质条件允许的范围内,尽量创造一个理想的学习环境是大有裨益的。例如,为自己创造一个没有干扰的独处的学习空间,有效利用广播、电视的传播作用,提高收录机、多媒体电脑的功效。

学习环境中除可见的物理因素外,还存在着看不见、摸不着的心理因素。积极主动的学习气氛和融洽和谐的人际关系是学习过程中的心理激励力量,能在学习者心里产生积极的情感体验,使学习活动始终处于自觉能动的状态。学习过程中,应注意调节师生关系、学习者间关系及学习者与家庭成员间的关系。情绪对人的学习有重要影响,高兴的时候再琐碎繁杂的事情也乐于去做,情绪低落时平时最喜好的事也没了兴趣,心烦意乱的时候再简单的工作也没法做好。创造良好的人际氛围,有助于产生无形的精神力量,以释放内在的潜能。

优良的学习环境有助于学习活动的开展,但其毕竟是外部因素,更根本的还应该是内部因素,何况外因还要通过内因起作用呢。

1. 要具备健康的体魄

我们常说“身体是革命的本钱”。英国哲学家斯宾塞说:“良好的健康状况和由之而来的愉快的情绪,是幸福的最好资金。而我们同样可称之为学习的最佳资本和最坚实的基础。”

学习需要时间、精力和体力,没有健康的身体是很困难的。增强体质,通常可以从两个方面着手:食补和体育锻炼。食补并不意味着服用名目繁多而且价格不菲的滋补品,而是要注意营养结构的平衡,荤素搭配,以高蛋白、高能量、低脂肪、低胆固醇的食品为主,多食蔬果、乳制品、鱼肉、瘦肉和蛋类,并注重维生素的补充,维持体内维生素、蛋白质、脂肪、糖和微量元素这“五大智力营养素”的平衡。而体育锻炼的形式可谓种类繁多，田径、游泳、球类、体操、武术、太极拳、气功等。还有深受年轻人青睐的健美操以及老少皆宜的健身舞等，均不失为良好的健身方式，每个人应根据自己的年龄、体质和需要，选择合适的方法，持之以恒地进行。

2. 要科学用脑，提高学习效率

我们的大脑潜能还远远没有被发挥出来，但我们的生命却是有限的。我们所能做的，就是要在有限的生命时光中使大脑潜能被最大限度地挖掘。方法不外两个：提高效率、珍惜时间。

提高用脑效率，就需要了解大脑的机能和活动规律。每个人都面临着三种时间：钟表所示的物理时间、心理时间和生理时间。这三种时间状态的不同组合，使人们的学习效果在一天的不同时间段里很不相同，有高效率点，也有低效率点。据脑生理学家研究，一天中，大脑工作效率最高的时刻为早晨醒来二三小时以后，但考虑到疲劳情况和生活习惯等，则平均出现在上午10时左右、下午3时左右、晚上9时左右。了解了这点，有助于我们合理安排时间，成倍提高学习效率。当然，最佳学习效率时间段也存在个体差异，是因人而异的，学习者结合自己平时的学习体验加以总结便能得出自己的学习“黄金时段”。

要提高用脑效率，必须保证脑细胞有充足的物质供应——氧气和葡萄糖。饥饿状态下和用餐之后不宜学习；通风不佳的空间氧气供应不足，不宜学习。要食用有健脑功效的食品，并增加有益记忆的豆豉类物质中的卵磷脂的摄入。

提高学习效率还必须保证大脑科学地休息。睡眠时间要充足，睡眠质量要佳；避免“开夜车”；经常闭目养神，即零星睡眠；结合药物方法和心理方法治疗失眠。

矫正不良习惯，其中首要的是戒烟戒酒。因为烟草中的尼古丁的毒性被吸收后会造成缺氧，燃烧过程中产生的一氧化碳积蓄或充塞肺泡会加重缺氧现象，造成意识模糊、记忆衰退。而实验证明，即便是微量的酒精也会毁坏人们智力的创造性。

而且，通过呼吸方法的训练可以减轻脑力疲劳。据研究，采用丹田呼吸法对于减轻脑力疲劳，促进神经系统和整个身心的发育，具有重要作用。呼气训练开始可定为5秒、10秒，以后可增至20秒、30秒、40秒，甚至1分钟。初练时，可能达不到深呼气的要求，可全身放松，然后上体向前弯曲，同时将气呼出。经过一段时间的练习，便可达到深长呼气的要求。呼气的要领为：上体放松，力入心窝，以此姿势开始呼气。掌握了呼气的要领后，也就能自然并充分地进行相应的吸气了。

3. 要具备浓厚的学习兴趣、高昂的学习热情

兴趣就是人们积极认识、关心某种事物或积极参与某种活动的心理倾向。它是注意的嫡亲姐妹，二者间的相互依存、相互促进是学习效率提高的因素之一。学习者应该既有广泛的兴趣使自己“博学”，又该有中心兴趣使自己“专才”。否则，只有广泛兴趣，学习便会如蜻蜓点水、流于肤浅；反之，只有中心兴趣，学习又会如钻牛角尖、流于狭隘。但光有兴趣，没有努力也是行不通的，就如没有电，有了灯泡也白搭。兴趣只有和努力相结合，才能成为“最好的老师”。孔子曰：“知之者不如好之者，好之者不如乐之者。”凡感兴趣的事物总是容易记忆，且记得较牢，而且通常也是我们思维的对象。因而，培养自己浓厚的学习兴趣、强烈的求知欲非常重要。

一位学者说过：“要牢牢记住你新学的知识，必须向其倾注你的全部感情。要像凝视你初恋的情人那样去看书，爱之越深、记之越牢。”

每个人只要充满热情地去学习、去钻研，就一定能在学习上“会当凌绝顶，一览众山小”！

但是，我们对人、对事、对物的热情不是与生俱来的，它必须在实际生活中并通过有目的的培养，才能逐步地形成和巩固。培养方法可概括为以下几种：

(1) 寻找或创造愉快的学习气氛

学习者个人的学习热情与其所处的学习环境的学习气氛密切相关。浓厚的学习空气和愉快轻松的环境会感染其中的学习者，提高学习热情，从而乐不知疲地学习。反之，会对学习产生厌恶性的条件反射，甚至见书就头疼。难怪不少大学生反映，在图书馆、自修教室中学习的效率特别高，而相对的，在寝室和家中的学习效率要低得多。个体独立的集体学习之所以产生高效率，就是因为他人努力学习的这种气氛能感染学习者，使之自觉地投入到学习中去，而且当自己分心的时候会感到一种无形的压力，甚至会产生愧意。

(2) 积累愉快的学习体验

学习热情的培养不是一蹴而就的，也并非可以凭空生成的。它需要学习过程中肯定性经验的积累，同质的情感能同知识一样被积累，而热情便是愉快感的积累。一个人在学习中出现的点滴的愉快体验若能及时巩固、强化，并引起重视，就一定能使其转化为学习热情。而且学习本身是一种享受。历史上很多伟人都嗜书如命，马克思、孙中山、毛泽东等人常常手不释卷，对于他们来说，学习已经是生命的一部分。而宋真宗的这首《劝学诗》则很形象地描绘了学习的幸福感：

富家不用买良田，书中自有千钟粟。
安房不用架高梁，书中自有黄金屋。
娶妻莫恨无良媒，书中自有颜如玉。
出门莫恨无随人，书中车马多如簇。
男儿欲遂平生志，六经勤向窗前读。

(3) 减轻学习负担，注意劳逸结合

事实表明，富有学习热情的学习者往往不畏艰苦，并能在其中自得其乐。但这并不意味着有了学习热情就可以不在乎学习的难度与强度了。因为，过重的学习负担往往是造成厌学情绪的罪魁祸首。现在提倡“给学生减压,为书包减重”,便是这个道理。所以,订立学习目标、布置学习任务要把握一个“度”,效率优先。

(4) 要有坚定的、百折不挠的意志

明清时期的启蒙思想家王夫之说得好:“志立则学思从之,故才日益而聪明盛,成乎富有。”当代数学家陈景润说:“攀登科学高峰,就像登山运动员攀登珠穆朗玛峰一样,要克服无数艰难险阻,懦夫和懒汉是不可能享受到胜利的喜悦和幸福的。”

古今中外,凡是在事业上有所成就、有所建树的人,都有坚强的意志。正如雨果所说:“最大的决心会产生最高的智慧。”英国福韦尔·柏克斯顿强调意志品质的重要性,甚至认为,没有坚强的意志,就不会成为一个大写的人,他说:“人与人之间、弱者与强者之间、大人物与小人物之间最大的差异就在于意志的力量,即所向披靡、无所不能的决心。一个目标一旦确立,不在奋斗中死亡,就要在奋斗中成功。具备了这种品质,你就能做成在这个世界上能做的任何事情。否则,不管你具有怎样的才华,不管你身处怎样的环境,不管你拥有怎样的机遇,你都不能使一个两脚动物成为一个真正的大写的人。”日本、美国开展的一些“魔鬼训练”,重要的一项内容便是意志力训练。

同时我们应该注意的是“志大则才大,事业大”。志向远大,意志的动力才强大,才能取得辉煌的成就。如果一个人成天把注意力放在一些鸡毛蒜皮的小事上,即使也在兢兢业业地工作,是不会取得好的业绩的。高尔基的看法与中国古人的观点相似,他说:“我常常重复这一句话:一个人追求的目标越高,他的才力就发展得越快,对社会就越有益;我确信这也是一个真理。这个真理是由我的全部生活经验,即是我观察、阅读、比较和深思熟虑过一切确定下来的。”

研究表明:意志与行动不可分,与认识和情感相互制约,其强度与克服困难的大小、多少成正比例关系。因此,锻炼自己的意志,可以从培养积极健康的情感、提高认识、有意识地克服困难入手。但在训练的过程中,任务难度以学习者经过一定的努力能完成为限,否则过高的难度易挫伤其积极性和自信心。

(四) 熟练掌握常用的学习方法

人们常道:学习是没有捷径可走的。然而,科学的学习方法从某种意义上来讲,正是学习的“近路”。不过,由于学习者各自情况的差异,所适合的方法也不会全然一致,在选择学习方法时,应遵循这几个原则:

(1) 以自我为主体,以自己的特点为出发点;

(2) 以自己的知识、经验为基础;

(3) 要有利于学习兴趣的保持;

(4) 要有助于自学能力的培养。

虽然学习方法的选择宜根据上述标准因人而异,但由于学习规律、记忆规律的普遍存在,有些方法也是普遍适用的,而且已被实践证明了其有效性。

1. 巧记笔记

将自己的笔记纸在1/3或1/4处折一条竖向的线,在课堂上记笔记的时候,只使用2/3或3/4的部分,把另一部分空白留到课后阅读笔记时用。在这块空白处,你可写上经过对笔记内容进行概括思考后得出的最精炼的描述或心得。

在练习初期,你可以照老师的原话记录,但以后要用自己的语言来记录,并且要用简洁的文体,逐渐可以做到把自己在课堂上听教师讲授时的理解、体会和疑问同时记录下来。

除了教师板书的标题之外,对于一个标题下的几个层次的内容,应尽可能分开。一些主要的和次要的概念、证明、事例、补充等。最好用明显的标记把它们区分清楚。

坚持做笔记摘要。即把当天笔记的内容归入各个分门别类的笔记摘要中去,这样不仅有利于理解和掌握,也有利于日后查找和复习使用。

2. 高效阅读法

学会在阅读过程中做标记、批注、摘录、写札记,以提高阅读效果和效率。方法可参照如下:

画横线:在主要观点和重要部分下画线,可以是直线,也可以是波浪线。

画星号:在书的边缘上画星号,强调某段主要内容和最主要的观点。

点着重号:在关键词句下面点上着重号。

批注:在书页的空白处,写上疑问、感受、问题的答案、复杂问题的简单归纳、自己的想法等。

在认真阅读的过程中,感到精辟、深刻或有用的材料,应及时摘录。摘录可以集中归类记在本子上,也可以记在卡片上。

3. 勤学善问法

学问,学问,既学又问。“人非生而知之者,孰能无惑?惑而不从师,其为惑也,终不解矣。”著名物理学家李政道在复旦大学演讲时,对复旦大学的校训颇为赞赏:“博学而笃志,切问而近思”,他说学问就是学习的问题。教育家陶行知的诗写得好:

发明千千万,起点是一问。
禽兽不如人,过在不会问。
智者问得巧,愚者问得笨。
人力胜天工,只在每事问。

现实生活中确实有很多人,成天闭门读书,有着“头悬梁、锥刺骨”的刻苦精神,就是不与别人交流,认为单凭书本和思考能解决所有的疑惑。然而,智慧的火花是碰撞产生的,我们应利用别人的经验以弥补个人直接经验的狭隘性。“知而好问然后能才。”向同学、向师长、向专家请教,与其共同探讨,往往会有“听君一席言,胜读十年书”的感叹。

4. SQ3R 法

这是一种鲁宾逊设计的帮助学生把握重点以及减轻遗忘的方法。其具体步骤为:

第一步:浏览(Survey),是指对教材标题作迅速浏览,以便了解教材中的主要观点和这些观点呈现的逻辑顺序。

第二步,问题(Question),即把教材中章节的标题转换为问题,以便集中注意和思考每一章节所讨论的主题。

第三步,阅读(Read),是指认真阅读标题下面各部分的具体内容,以便能够对问题作出回答。

第四步,背诵(Recite),即在阅读完之后,根据个人对内容的理解和回答问题的需要,整理出简明的答题大纲,予以背诵。

第五步,复习(Review),是指在学习之后即对全部学习内容作简略复习,一则进一步获得对教材内容和结构体系的整体印象;二则可纠正记忆中的错误,加深对教材重点的准确理解和记忆。

5. P-I-R 学习法

这种学习法是由加里森和格雷提出来的。

P 是英语“预习”(Preview)一词的简写。课前预习对提高听课效果关系很大。预习可以提高独立思考的能力,减少听课中的障碍,掌握课堂听讲的主动权。预习中应该做到:重温已有的知识,建立新旧知识间的联系;概略了解新课程的内容和结构,理清听课时的思路;提出不懂和需深入研究的问题,以求强化听课的效果。

I 是英语“辨别”(Identification)一词的简写。所谓辨别是指在课堂听讲的过程中,对于讲授重点和难点的识别和把握。教师在课堂讲授中,往往要围绕教材的重点和难点加以发挥,或补充一些新材料、新论据,或提出个人的新观点、新见解供学生参考。对这些课堂讲授的新内容,学习者要有敏锐的辨别能力。要善于搞清教师课堂讲授的材料与教材内容的关系,准确识别其不同点和共同点,这样才有助于对教材重点和难点的理解和消化。

R 是英语“复习”(Review)一词的简写。听课之后及时复习,不留疑点或漏洞,复习中注意概括归纳,将所学的新知识有序地纳入已有的认知结构,力求做到融会贯通,记准用活,这样的复习是有效学习所必需的。

教学互动

★ 考试与我

目的：协助成员澄清自己考试焦虑的一些基本事实；了解自己对考试存在的一些不合理的认识；通过交流，协助成员了解考试焦虑存在的普遍性，并建立关于考试的合理认知。

操作：

1. 填写下表：

	我的想法	导致的结果
考前		
考中		
考后		

2. 小组讨论交流：把成员分成两个小组，每个成员把自己的想法和可能导致的结果讲出来，然后其他成员帮助他找到想法中不合理的地方。

3. 小组总结：将小组成员的不合理认识全部归纳出来。

4. 指导者小结："人不是为事情困扰着，而是被对这件事的看法困扰着。"合理情绪疗法的创始人、美国心理学家艾利斯强调人的认知在情绪和行为中的主宰作用。他认为，人们不快乐，往往是因为被"绝对化倾向"、"过分概括化"、"糟糕至极"等不合理的认知束缚了心灵，导致了情绪困扰。要想从消极的情绪中解脱出来，就必须与不合理的信念作斗争，用合理的认识取代不合理的认识。

5. 调整认识：把每一种不合理的认识都换一个角度写出新的认识。

比如：不合理的认识："高考一旦失败，我就没有前途了。"

反驳：升学考试不理想，人生前途必定黑暗吗？

合理的认识：高考不是非胜即负。人生漫长，一次机会没抓住，怎能说以后没有第二次、第三次呢？

6. 形成合理的认识

(1) 高考越来越临近了，我既兴奋，又紧张，因为……

(2) 备考这段时间有些紧张、烦躁的心情是很正常的，因为……

(3)"虽然在模拟考试中我的成绩不太理想，但是……"或者"模拟考试中我的成绩不错，我相信……"

(4) 昨天已经过去，永不复返，所以……

★ 天生我才

目的:通过练习,协助参加者了解自己的长处,珍惜自己的潜能,学习自我欣赏、自我肯定,学习欣赏别人,增进自信和信任。

操作:

1. 请完成下列句子

(1) 我最欣赏自己的外表是(　　　　　　　)(例如,头发、高度等)。

(2) 我最欣赏自己对朋友的态度是(　　　　　　　)。

(3) 我最欣赏自己对求学的态度是(　　　　　)。

(4) 我最欣赏的一次学业成绩是(　　　　　)。

(5) 我最欣赏自己的性格是(　　　　　　　)。

(6) 我最欣赏自己对家人的态度是(　　　　　　　)。

(7) 我最欣赏自己对做事的态度是(　　　　　　　)。

2. 交流与讨论

请成员在小组中讲出自己所填写的答案,每位参加者说出同一项的答案后,再说出原因。再开始下一项。完成各项答案,开始下面的讨论:

(1) 是否同意“每人都有长处”? 原因何在?

(2) 你做了一件事,例如:“帮助一个盲人安全过马路”,“考到理想的成绩”,等等,你会欣赏自己的行为吗? 为什么?

(3) 你做了一件事,例如:“迟到一个约会”或“考试时,完全不懂回答问题”,你会怎样对待自己? 会责骂自己吗? 为什么?

总结:每个人都有其长处,值得自己或他人欣赏的地方,对于优点应欣赏、珍惜并继续发展。对于缺点应了解并改善。

心理测试

★ 考试焦虑量表

如果你想了解自己是否有考试焦虑以及这种焦虑的程度如何,是否已严重到了影响自己考试成绩和神经功能的地步,请你做一下下面这个测验。测验时间最好能安排在一次较重要的考试刚结束时。

说明:

下面有32道题,每道题都有4个备选答案,请根据自己的实际情况,在题目后面圈出相应字母,每题只能选择一个答案。

A:很符合自己的情况　　　　B:比较符合自己的情况

C:较不符合自己的情况　　　D:很不符合自己的情况

1. 在重要的考试前几天,我就坐立不安了。
2. 临近考试时,我就泻肚子了。
3. 一想到考试即将来临,身体就会发僵。
4. 在考试前,我总感到苦恼。
5. 在考试前,我感到烦躁,脾气变坏。
6. 在紧张的温课期间,常会想到:"这次考试要是得到个坏分数怎么办?"
7. 越临近考试,我的注意力越难集中。
8. 一想到马上就要考试了,参加任何文娱活动都感到没劲。
9. 在考试前,我常做关于考试的梦。
10. 到了考试那天,我就不安起来了。
11. 当听到开始考试的铃声响了,我的心马上急跳起来。
12. 遇到重要的考试,我的脑子就变得比平时迟钝。
13. 看到考试题目越多、越难,我越感到不安。
14. 在考试时,我的手会变得冰凉。
15. 在考试时,我感到十分紧张。
16. 一遇到很难的考试,我就担心自己会不及格。
17. 在紧张的考试中,我却会想些与考试无关的事情,注意力集中不起来。
18. 在考试时,我会紧张得连平时滚瓜烂熟的知识也一点回忆不起来。
19. 在考试中,我会沉浸在空想之中,一时忘了自己是在考试。
20. 考试中,我想上厕所的次数比平时多些。
21. 考试时,即使不热,我也会浑身出汗。
22. 在考试时,我紧张得手发僵,写字不流畅。
23. 考试时,我经常会看错题目。
24. 在进行重要的考试时,我的头就会痛起来。
25. 发现剩下的时间来不及做完全部考题,我就急得手足无措、浑身大汗。
26. 如果我考了个坏分数,家长或教师会严厉地指责我。
27. 在考试后,发现自己懂得的题没有答对时,就十分生自己的气。
28. 有几次在重要的考试之后,我腹泻了。
29. 我对考试十分厌烦。
30. 只要考试不记成绩,我就会喜欢考试。
31. 考试不应当像现在这样的紧张状态下进行。
32. 不进行考试,我能学到更多的知识。

评分标准:

统计你所圈各个字母的次数,每圈一个A得3分、B得2分、C得1分、D得0

分。用下列公式可以算出你的总得分:总得分=3A+2B+C。

0~24分:属"镇定",说明该学生一般来说能以较轻松的态度对待考试,若分值很低,说明其对考试毫不在乎。

25~49分:属"轻度焦虑",说明该生面临考试有点惶恐不安,但这是正常现象。轻度焦虑会有助于考试成绩的提高。

50~74分:属"中度焦虑",说明该生面临考试心情过于激动,焦虑感过高,难以考出实际水平,并会对身心健康有损害。

75~96分:属"重度焦虑",反映该生患有"考试焦虑症",每逢考试来临便会不由自主地产生莫名其妙的恐惧感。考试时,往往会发生"怯场",严重影响学习水平的正常发挥。

第八章　握住命运之钟

——时间管理训练

在富兰克林报社前面的商店里，一位犹豫了将近1个小时的男人终于开口问店员了："这本书多少钱？""1美元。"店员回答。"1美元？"这人又问，"能不能少要点？""它的价格就是1美元。"店员没有别的回答。

这位顾客又看了一会，然后说："富兰克林先生在吗？""在。"店员答，"他在印刷室忙着呢。""那好，我要见见他。"这个人坚持要见富兰克林。于是，富兰克林被找了出来。这人问："富兰克林先生，这本书你能出的最低价格是多少？""1美元25美分。"富兰克林不假思索地说。"1美元25美分？你的店员刚刚还说1美元呢。""这没错，但是，我情愿倒找你1美元也不愿意离开我的工作。"

这位顾客十分惊异，他心想，算了，结束这场由自己引起的争论吧。他说："好吧，这样，你说这本书最少要多少钱吧。""1美元50美分。""又变成1美元50美分？你刚才不是说1美元25美分吗？""对。"富兰克林说："我现在能出的价钱就是1美元50美分。"

这人默默地把钱放在柜台上，拿起书出去了。著名的物理学家和政治家富兰克林给他上了终生难忘的一课：对于有志者来说，时间就是金钱。

"一寸光阴一寸金"对大学生不再是空论，大学阶段是个体自我发展及知识经验积累的重要时期，而大学式的自主性学习给学生带来大量的自由支配时间，如何更好地利用这些时间来学习知识、挖掘潜能、发展自我，关系到学生个人的发展，关系到学生能否最大限度地开发和利用时间，在有限时间内创造更大的价值，是衡量大学生素质的一个重要标准。

一、时间管理的基本概念

时间是一种重要资源，它具有不变性、不可贮存性和无替代性，一天24小时对每个人都相同，但时间管理却因人而异。个人如何合理地利用时间，挖掘时间潜力，提高时间效率，对时间的使用如何从被动的自然经历与随意打发，转到系统地有计划有目的地主动分配，这些都属于"时间管理"的表层内涵。

从更深层次来看，时间管理的核心是人的自我管理。一个人能否有效地管理时间，不单单是方法和技巧的掌握，还与这个人对时间价值的认识、自身素质及对工作和休闲这些相互联系的事情的看法有关。第四代时间管理理论，尤其强调目标和方向，这实质上是将时间管理放在人生这一宏大的背景下，使之与个人的人生观价值观、个人发展联系起来。这是时间管理的深层内涵，更是其终极价值所在。

因此，时间管理是指面对时间而进行的"自管理者的管理"，管理对象是指使用时间的人。"时间管理"所探索的是减少时间浪费，对时间进行合理的计划和控制、有效安排与运用的管理过程。

目前，国内心理学界对时间管理存在两种观点：一是黄希庭、张志杰提出的"时间管理倾向"(Time Management Disposition)，他们把个人的时间管理倾向看作一种人格特征，即个体在对待时间的功能和价值上，在运用时间方式上所表现出的心理和行为特征；二是房安荣、杜晓新等提出的"时间管理技能"(Time Management Ability)观点，认为时间管理实质上反映的是个体的元认知能力。以上二者虽然在提法上有差异，但也存在着共通之处，都认为在时间管理上，技能和策略是重要的，时间管理倾向或能力可以通过训练得到提高。

因此，"时间管理技能训练"对时间管理就非常重要了。它要求通过辅导、咨询、授课等多种形式对个体的时间管理行为进行干预，包括启蒙时间管理意识、习得时间管理的技能、发展自律能力、克服时间浪费习惯等，其最终目的是帮助个体形成有效的时间管理技能。

二、大学生在时间管理上存在的问题

1. 大学生普遍存在时间浪费现象

有调查表明，近三成的大学生承认自己存在严重的时间浪费现象。其中两种情况较为普遍：一是有大把的闲散时间却不会集中使用，他们将课余大部分时间用在睡觉、上网、打游戏等事情上；二是有些大学生表面上看起来每天都很忙碌，时间安排得也很紧，可事实上，他们却不知道自己真正做了什么和得到了什么。如何有效解决这一难题，很少有大学生能提出一个切实可行的方法。

2. 大学生时间管理的计划性较差

很多大学生做事没有目标。他们认为未来几周或几个月内会发生什么事情是无法预料的，没必要制定计划，只做好每天的事就可以了；而另一部分大学生虽然制定了目标却并不明确，他们每天都很忙碌，但所做的事情却没能融入到人生目标中。这一部分大学生着重利用便条和备忘录，却只能处理好一天当中的某些事情，没有丝毫的优先观念，没有目标，不清楚当前为什么这么做。因此，这部分学生每天做的只是必要而非重要的事情。

3. 大学生时间管理的自我控制力不足

大学阶段不再只是单纯的学校学习,各种活动增多,使得大学生在时间管理上更难把握。当团体活动或突发事件同已经安排好的计划发生冲突,使得这一部分大学生在时间管理上显得力不从心。面对诸多“计划赶不上变化”的问题,许多大学生变得无所适从,只能消极应对。另外,还有一些大学生会因为自己的情绪以及过去的一些事情影响自己目前计划的有效执行,甚至导致计划中断,出现“言行不一、知行脱节”的现象。

4. 大学生时间管理满意度低

大学生都能认识到时间是有限而宝贵的资源和财富,意识到时间对个人与社会发展的重要性。但很多大学生不知道如何提升这方面的能力,还有一部分大学生对自己的要求过高,想百分之百地利用时间,结果导致时间管理缺乏弹性,反而降低了时间管理的效能。

三、大学生时间管理的艺术

(一) 时间的认知管理

从认知上看,有以下一些基本常识需要了解:

(1) 要有保证时间质量的意识。从操作上看,就是保持好心情。因为坏心情会降低我们所拥有的时间的质量。

(2) 要有物归其位、整洁有序的生活与学习习惯。这不仅可以节省你寻找学习用品所花费的时间,同时还可避免因找不到东西而引起坏心情。

(3) 要有整块时间做大事,零碎时间做小事的理念。

(4) 要能区分需要与愿望,不要让过多的愿望占去你太多的时间。

(5) 对时间的管理要与学习和工作计划相联系,计划又要与目标相联系,而目标则与我们对自己的了解和期望相联系。

(6) 我们不能奢望管理自己所有的时间,把一切时间列入计划是不现实的,这只会增加自己的挫败感。所以时间安排一定要有弹性,要留有余地。

(7) 你不必担心自己的时间是否够用,而要时常问问自己:你是否合理地利用了时间?

(8) 要在高效率地利用上课时间的前提下,对自己的业余时间进行管理。

(9) 每周留出一天用作彻底的休闲时间,只谈休闲,不谈学习和工作。

(10) 最后,在你决定管理你目前的时间时,一定要问自己并回答这样一个问题:“我到底想要什么?”这是时间管理的起点,这个问题不明确,还有什么必要管理时间。

（二）时间管理的行为训练

1. 制定时间计划表

俗话说："磨刀不误砍柴工。"如果明确了自己的奋斗目标。却又感受到目标太大，不知从何处下手，不妨制定一个时间表，然后按照计划，有条不紊地进行，避免操之过急或到最后一分钟才匆匆赶上。制定计划需要注意：

(1) 目标要具体、量化、可行，好高骛远只会一事无成；

(2) 将目标细分为一个个小目标，分阶段、分步骤完成；

(3) 具体地列出每天、每周、每月、每年要干些什么，要取得什么成绩，这样每完成一小步就有成就感而且容易追踪自己的进度；

(4) 定期评估目标完成的好坏，并相应调整行动和时间的安排。

当然，如果把制定的时间表当作时间管理的目的而不是手段，就有可能成为滥用或误用时间计划表的四种人之一：

(1) 时间计划表的"逃兵"。常有人说："我经常制定时间计划，可总是半途而废，因为很难做到。"这就是因为他们在制定计划时，忽略了为活动预留"公差时间"，结果执行起来压力太大，畏难而退，你可以在活动所需的时间外至少加上10%的"公差时间"。

(2) 时间计划表的"奴隶"。这种人注重效率，死守时间计划表而缺乏弹性。结果总是筋疲力尽，还弄得其他人不得安宁。

(3) 瞎忙乎的人。这种工作狂认为忙个不停就是成就，认为无所事事就是罪恶，所以他们不是自动加班就是拎着一大堆公事回家办，甚至节假日也不例外，这使得他们根本没有思考的时间，来反省一下忙得是否有价值，目标是否恰当。

(4) 纸上谈兵的专家。这种人特别喜欢、而且把大部分时间都花在制定时间计划表上，要将每个细节、每个步骤都包括进去，否则他们不会开始行动，结果错过了一个又一个的良机。

2. 科学用脑

一天当中，你什么时候精神最旺盛、思维效率最高？是在凌晨、清早、上午、中午、下午、傍晚还是在深夜？实际生活中，我们常常可以看到按三种不同思维效率曲线用脑的人：

(1) 猫头鹰型。这种人就像昼伏夜出的猫头鹰一样，"黑夜给了我黑的眼，我却用它来寻找光明"，他们白天无精打采，而一到晚上，就精神奕奕，高度兴奋，思维活跃，工作效率极高。"夜晚是作家的天堂。"作家鲁迅常常写作到深夜，有一次竟让梁上君子都等得不耐烦，只好空手而返。有的作家因此就把作品起名为《灯下集》、《月下集》、《燕山夜话》等。

(2) 百灵鸟型。“百灵鸟”和“猫头鹰”的习性恰恰相反，是“白天不懂夜的黑”，他们在清晨和上午精神焕发，朝气蓬勃，记忆和创造的效率高，而晚上到了一定的时候，大脑的工作效率就降低了。英国小说家司各特说：“我的一生证明，睡醒和起床之间的半小时，非常有助于发挥创造性的任何工作。期待的想法，总是在我一睁眼的时候大量涌现。”

(3) 混合型。除了“百灵鸟”和“猫头鹰”，还有一种人，随时都可以工作、创造，全天的用脑效率都差不多，没有白天、黑夜之别，我们称之为“混合型”。的确，人类大脑的工作效率在一天中的不同时刻是有高低起伏的。按照大脑生理学家的研究，一天中，大脑工作效率最高峰的时刻是早晨醒来二三小时以后，考虑到疲劳情况和生活习惯等因素，高峰的时刻平均出现在上午 10 点左右、下午 3 点左右、晚上 9 点左右。自然，在自己的最佳时效区间去做最重要的事可以达到“事半功倍”的效果，而且常有灵感涌现。了解了人的大脑的这一活动规律，才能更加合理、科学地安排自己的生活和工作，调节好生物钟，该工作时可以全心全意地投入，该休息时倒头便睡。否则，随心所欲没有规律，就可能整天昏昏沉沉，想工作时集中不起注意力，想睡时又睡不着，心里焦虑不安。地理学家奥勃鲁契夫把自己的每个工作日都分成“三天”：“第一天”是从早晨到下午 2 点，用来安排最重要的工作；“第二天”是从下午 2 点到晚上 6 点，做比较轻松的工作，如写书评或做各种笔记；“第三天”是从晚上 6 点到夜里 12 点，用来参加会议、看书。昆虫学家柳比歇夫则说：“在头脑清醒的时候应当钻研数学，累了便看书。许多人喜欢打‘疲劳战’，往往收效甚微。因为有用功等于时间乘效率系数。老是开夜车，死拼时间，半夜三更，头昏眼花，实际上大脑吸收率已趋于 0，还在那里记单词，能有效吗？”

3. 聚精会神

所谓“用志于心，乃凝于神”。昆虫学家法布尔，有一天大清早就俯在一块石头旁观察昆虫的习性。几个村妇早晨摘葡萄时看见他在那里，到黄昏收工时，仍然看见他俯在那里，她们十分惊讶：“他花一天时间，怎么就只看着一块石头，简直是中了邪！”有很多大学生，做事不专心，一会儿找橡皮，一会儿吃零食，一会儿听听音乐，一会儿照照镜子；或者胡思乱想如天马行空。所以事先一定要做好心理上的准备，如果你有心事，烦躁不安，或感到身体不舒服、很疲劳，那与其心不在焉地浪费时间，不如暂时把重要的工作放在一边，干脆去休息或放松，或做一些简单、轻松、机械的你平时不愿意专门花时间去做的小事、琐事，比如整理桌子、抽屉、书籍、报纸杂志、名片、信件等，你可能做的时候情绪已经慢慢恢复，然后就可以投入到学习中去，这样岂不一举两得？另外，外界环境中的刺激越丰富，集中注意就越难。在环境方面应尽量减少会让人分心的刺激。图书馆、教室等地方往往环境安静、陈设简单，没有闲杂人员进出，没有其他人的干扰；习惯后就形成条件反射，只要你走进这样的场所，坐拥书山，就会心安神定，集中注意力，产生学习、创作的冲动、欲望。身边最好不要有足以分心的东西，例如零食、杂志、相册等；桌子上少摆装饰品；最好不要边听那种吵闹、激烈的音乐边做事，可以放些轻柔的背景音乐，这可根据个人习惯来定。

4. 先做重要的事

根据重要性和紧迫性，我们可以将所有的事情分成四类，即建立一个二维四象限的指标体系，它们分别是：第一类，重要且紧迫的事情，例如处理生活学习中的危机事件、完成有期限压力的作业等。第二类，重要但不紧迫的事情。例如，改善、建立和谐的人际关系、长期的工作和学习规划、有效的休闲。第三类，不重要但紧迫的事情，例如，不速之客，突发事件等。第四类，是不重要且不紧迫的事情。更直接地说是浪费时间的事情，例如阅读令人上瘾的无聊网络小说等。对于这四类事件，我们可以发现科学而合理的时间管理方式是尽量收缩第三类的事件，坚决舍弃第四类的事件。

也就是用你80％的时间来做20％最重要的事情，因此你一定要了解，对你来说，哪些事情是最重要的，是最有生产力的。这时你就会立刻开始做高生产力的事情了。

5. 善用“边角料”时间

一般人常常觉得等车、等人时的几分钟让人“食之无味，弃之可惜”。但如果你有意识地将这些零散时间利用起来，做一些适合于短时间内做的事情，就可能“集腋成裘”。对那些耗时长的重要事情你也可以化整为零。零散时间有可以预料的，也有不可预料的，这就需要你做“有心人”，随时做好准备。先进的科学技术，例如便携式电脑、手机等使你可以利用零散时间学习。如果你一天利用30分钟的零散时间，那么一年下来累计就达22天。时间效率专家阿列斯·伯雷说：“一天的时间就像大旅行箱一样，只要知道装东西的方法，就可以装两倍之多的物品。开始不要把东西扔到箱子的正中间，而是不留缝隙地往4个角和箱子的边缘填充，最后再向旅行箱的中间填。如果毫不浪费地使用了4个犄角旮旯的时间，你就可以把一天的时间当作两天用了。”历史学家吴晗深有感触地说：“那些年总想找个比较长的完整时间写文章，这个不现实的主观想法，害苦了自己，老是在等，总等不来，可以利用的时间也就轻易地滑溜过去了。如今，不这样想了，一有时间就写，聚零为整，许多零碎时间妥善地利用起来，不就是一个大整数?”达尔文写《物种起源》时疾病缠身，当有人问他在身体如此虚弱的情况下，怎么可能做了这么多事情时，他回答说：“我从来不认为半小时是微不足道的一小段时间。”诺贝尔物理学奖获得者雷曼也说：“每天不浪费或不虚度或不空抛剩余的那一点点时间，即使只有五六分钟，如果好好利用，也一样可以有很大的成就。游手好闲习惯了，就是有着聪明才智，也不会有所作为。”著名数学家苏步青也常在“零布头”上做文章，他在担任复旦大学校长期间，出差、开会占去了很多时间。即使是到外地开会，他每天在早晚也要挤出三个钟头来搞重点课题。他的《仿射微分几何》20 万字，大部分篇幅都是利用“零布头”时间完成的，那么，你可以利用的“畸角旮旯”的时间有哪些呢？

（1）过渡时间。在你的时间计划表上，常常会有些被你忽视的时间，那就是过渡时间。例如早晨的过渡时间是从你早晨起来，到你准备开始学习之间的那几十分钟。有的人一边洗脸一边听广播，或一边吃饭一边看电视节目。清新的早晨常常可以带给人灵感，如果你能对于一天的工作计划准备一下，也许会提高当天的工作效率。你可以到处放一些报纸杂志，随手可以拿起来翻阅。

（2）等待的时间。乘车、办事、排队购物。排队时等待的间隙往往难以预料，你可以事先准备一些可以随时进行的事，例如听广播，看报纸杂志，读书，算账，作计划，写备忘录，思考一些问题，观察一下周围有什么有趣的书没有，用手机打几个平时没来得及打的电话，或做几次深呼吸，伸展一下身体。这样，等待不再是无聊，而变成了享受。

（3）睡眠时间。睡眠时间存在着较大的个别差异，周恩来总理一天工作 15～18 小时，一般成人 6～8 小时就足够了，再睡也是浪费。如果你能在不影响体力恢复的情况下尽可能地减少睡眠时间，就可以干不少额外的事情，你不妨试着每晚少睡半个小时，再坚持一段时间来适应这种新情况。如果能适应，精力不减，那么在一年之内。你就等于节省出了一个星期。

另外，专家指出，午间休息最好不要超过 45 分钟，稍微小憩 15～30 分钟，已经可以让人精神倍增。你还可以利用睡眠时的潜意识活动替你工作，比如在临睡前思考一下你的问题。那你可能在梦中找到你白天无论如何也想不出的新奇的答案，因为梦往往是富有创意的。苯的环形分子结构就是化学家做梦梦到一条蛇的头咬住尾巴才豁然开朗的。当然，如果你会因此失眠，最好还是忘记它。

（4）多出来的每一分钟时间。你可以抓住每天多出来的那些时间，去实现你所确立的特别重要的人生目标。如果你想学好一门外语，不妨见缝插针似的背几个单词。有位作家说：“原来多年的习惯，白天总是上课、开会、办事，晚上比较清闲些，时间也完整些，这样，就逐渐养成了一种惰性，形成一种习惯，似乎认为只有晚上才能写东西。自己这样想，也这样原谅自己。结果，过去这些年，浪费了许多空闲的时间。今年，想通了，不管白天黑夜，只要有空就写。这样，白天也写了不少。”

教学互动

★ 我的时间馅饼

画一张时间检查表，记录你的日常作息。再从你的检查表中分析你工作学习的效率状况。是上午效率高？还是下午？是白天效率高？还是晚上？你精神最好的时候是在做些什么？是最重要的事情吗？然后对自己的时间进行重新分配，看看怎样才是你度过生命的理想方式。

表 8-1 自我时间检查表

时间	活动								
	吃饭	睡觉	上课	往返	兼职	社交	兴趣爱好	工作	其他
每日小计									
周一									
周二									
周三									
周四									
周五									
周六									
周日									
一周合计									

心理测试

★ 时间管理自我诊断量表

请你根据自己在日常学习与生活中对待时间的方式与态度，选择最适合于你的一种答案。

1. 星期天，你早晨醒来时发现外面正在下雨，而且天气阴沉，你会怎么办？(　　)

A. 接着再睡。

B. 仍在床上逗留。

C. 按照一贯的生活规律，穿衣起床。

2. 吃完早饭后，在上课之前，你还有一段自由时间，你怎样利用？（　　）

A. 无所事事，根本没有考虑学习点什么，不知不觉地过去了。

B. 准备学点什么，但又不知道学什么好。

C. 按照预先订好的学习计划进行，充分利用这一段自由时间。

3. 除每天上课外，对所学的各门课程，在课余时间里你怎样安排？（　　）

A. 没有任何学习计划，高兴学什么就学什么。

B. 按照自己最大的能量来安排复习、作业、预习，并紧张地学习。

C. 按照当天所学的课程和明天要学的内容制订计划，严格有序地学习。

4. 你每天晚上怎样安排第二天的学习时间？（　　）

A. 不考虑。

B. 心中和口头作些安排。

C. 书面写出第二天的学习安排计划。

5. 我为自己拟定了“每日学习计划表”，并严格执行。（　　）

A. 很少如此。

B. 有时如此。

C. 经常如此。

6. 我每天的休息时间表有一定的灵活性，以使自己拥有一定时间去应付预想不到的事情。（　　）

A. 很少如此。

B. 有时如此。

C. 经常如此。

7. 当你发现自己近来浪费时间比较严重时，你有何感受？（　　）

A. 无所谓。

B. 感到很痛心。

C. 感到应该从现在起尽量抓紧时间。

8. 当你学习忙得不可开交的时候，而又感到有点力不从心时，你怎样处理？（　　）

A. 开始有些泄气，认为自己脑袋笨，自暴自弃。

B. 有干劲，有用不完的精力，但又感到时间太少，仍然拼命学习。

C. 开始分析检查自己的学习时间分配是否合理，找出合理安排学习时间的方法，在有限的时间里提高学习效率。

9. 在学习时，常常被人干扰打断，你怎么办？（　　）

A. 听之任之。

B. 抱怨，但又毫无办法。

C. 采取措施防止外界干扰。

10. 当你学习效率不高时，你怎么办？（　　）

A. 强打精神，坚持学习。

B. 休息一下，活动活动，轻松轻松，以利再战。

C. 把学习暂时停下来，转换一下兴奋中心，待效率最佳的时刻到来，再高效率地学习。

11. 阅读课外书籍，怎样进行？（　　）

A. 无明确目的，见什么看什么，并常读出声来。

B. 能一面阅读一面选择。

C. 有明确目的地进行阅读，运用快速阅读法，加强自己的阅读能力。

12. 你喜欢什么样的生活？（　　）

A. 按部就班，平静如水的生活。

B. 急急忙忙，精神紧张的生活。

C. 轻松愉快，节奏明显的生活。

13. 你的手表或书房的闹钟经常处于什么状态？（　　）

A. 常常慢。

B. 比较准确。

C. 经常比标准时间快一些。

14. 你的书桌井然有序吗？（　　）

A. 很少如此。

B. 偶尔如此。

C. 常常如此。

15. 你经常反省自己处理时间的方法吗？（　　）

A. 很少如此。

B. 偶尔如此。

C. 常常如此。

评分方法：

选择A，得1分；选择B，得2分；选择C，得3分。将你自己各题的得分加起来，然后根据下面的评析判断出自己的时间管理能力和水平。

结果分析：

35～45分，有很强的时间管理能力。在时间管理上，你是一个成功者，不仅时间观念强，而且还能有目的、有计划、合理有效地安排学习和生活时间，时间的利用率高，学习效果良好。

25～34分，较善于对时间进行自我管理，时间管理能力较强，有较强的时间观念，但是，在时间的安排和使用方法上还有待进一步提高。

15～24 分，时间自我管理能力一般，在时间的安排和使用上缺乏明确的目的性，计划性也较差，时间观念较淡薄。

14 分以下，不善于时间管理，时间自我管理的能力很差，在时间的自我管理上是一个失败者，不仅时间观念淡薄，而且也不能合理地安排和支配自己的学习、生活时间。你需要好好地训练自己，逐步掌握时间管理的技巧。

改进方法指导：

如果你做完这套测验以后，所得的分数较低，说明你对时间的管理、处理方式存在不少问题。这时你不但要提高警惕，而且还要努力寻求改进的方法。

(1) 增强自己的时间观念。牢记："最严重的浪费就是时间的浪费。""放弃时间的人，时间也会放弃他。"

(2) 制定时间使用计划，严格执行。以星期为单位制定一个较长的计划。每天要有"每日学习计划表"和"时间使用表"，严格按照计划学习，并自觉进行检查和总结。

(3) 记录和分析自己一天时间的使用情况。为自己设计一套时间使用记录表，将你在一天里所做的事情及其耗用的时间记录下来。然后进行分析，看看自己哪些时间使用得有价值，哪些时间是浪费掉的，长此以往，持之以恒，对于训练你的时间管理能力是大为裨益的。

第九章　让我们同行

——人际沟通训练

有一位心理学家从亚马逊河河畔带回两只猴子，一只瘦小体弱，一只体大健壮，分别放在两个笼子里以同样的方式喂养。结果体大健壮的一只先死去了，心理学家很奇怪，又托朋友带回来一只体大健壮的，结果不久又死了，他非常想探个究竟，就又回到了亚马逊河河畔，观察这两种特征的猴子，结果发现，体大健壮的猴子在猴群中非常乐于交际、玩耍，同伴获得的食物都同他一起分享，而体弱瘦小的几乎不去与其他猴子玩耍，也分享不到食物。由此可见，体大健壮猴子的死因在于缺少交往。那么由此可见，在生活中，缺少交往本身就是一种缺陷，没有交往，将预示着死亡。动物尚且如此，人呢？交往是人最基本的社会需要。

现代社会是一个沟通的社会。“沟通”不再是谈判专家的专利，而是每个人必备的能力。“活着就要和别人接触”，拥有良好的人际关系，不但是快乐生活的源泉，而且是取得成功的关键。

一、人际交往的功能

1. 满足人的社会性的需求

人是群居性动物，喜欢群居生活，这是天性。社会学家也指出“社会性”是人类五大基本需求之一。每个人都希望自己有所归属，是家庭中的一分子，与朋友在一起时被接纳，在社会上被人敬重……这样才能让你感到你和他们同类，有共同的语言、生活与文化，如此生活在一起，才能分享，才会产生乐趣，才能使生活有意义。

2. 促进自我了解、发展自我概念

每个人的自我了解主要来自自省，另外的来源即是他人。别人就像是镜子一样，当我们和他人互动时，可以从别人的反应或回馈中，发展出清晰、正确的自我画像。因此，人际网络愈广就拥有愈多的镜子，也就有多方面的回馈，让你不必只从少量的回馈中就给自己下结论，这样才比较客观。

3. 促进个人成长

个人的成长如果只靠个人的学习是不够的。而我们的朋友各有专长，各有不同的才能，更具有不同的经验，这正是自己所欠缺的，值得向他们学习的，孔子说

“三人行，必有我师焉”，正是这个道理。与朋友在一起，多听、多看、多问、多讨论、多学习，必能促进个人的成长。

4. 甘苦与共并提供协助

“与朋友分享的欢乐是加倍的欢乐，有朋友分担的痛苦是减半的痛苦。”当个人的成就、荣耀、快乐被自己的朋友分享了，就会感到更喜悦、更有意义与价值。而当个人有痛苦时，如果有家人或朋友在身边安慰、鼓励或协助，就比较少感到孤单、无助，比较容易恢复信心，也较有勇气从失败、痛苦中再站起来。

5. 促进身心健康

良好的人际关系对于个人的生理与心理健康都有很大帮助。有人说寂寞会致人于死地，美好的人际关系可以创造生命、延年益寿。很多医学研究都发现积极、支持性的人际关系能使人长寿，提高肌体免疫力，使人较少患病，也帮助疾病的复原。同样的，寂寞、疏离会引致心理疾病。令人痛苦的事莫过于没人理会、没人爱、被抛弃、被疏远等，这些使人感到焦虑、沮丧、挫折、失望、自贬，会造成心理上的失落、创伤。所以，积极的、支持的人际关系使人感到安全、自尊、自信、愉悦，而成为快乐、健康的人。

二、影响人际吸引的因素

人际吸引是指在人际沟通过程中所形成的对他人的一种特殊形式的社会态度。在沟通中，人与人之间是吸引还是排斥，是喜欢还是厌恶除了受深刻的社会、经济等因素影响外，从心理学角度看，还受其他一些更为直接的、具体的因素的影响。这些因素构成了人们之间吸引或排斥的基本规律。

1. 熟悉

在日常生活中，人们更多地将喜欢的情感投向周围与自己有直接交往的对象，并在其中选择交往或合作的伙伴。自然而然地能够相互接触，彼此之间存在交往的可能性，就成了人际吸引的前提条件。人际关系的由浅入深，也正是由相互接触与初步交往形成的。

心理学研究结果表明熟悉引起喜欢。熟悉本身就可以增加一个人对另一个人的喜欢。

大学生进入大学后，最初的人际关系都是从室友、老乡开始的。相比之下，由于安排在一个屋檐下，彼此的熟悉程度显然高于非本宿舍成员。大学生最好的朋友往往都在同一宿舍；而老乡由于地缘关系，在陌生环境会产生心理上的亲近感。

2. 外表吸引

在沟通过程中，特别是初次接触时，两个人的外貌、衣着、风度等外在因素起到了不可忽视的作用。那些漂亮、有气质、风度翩翩的人容易被人接纳。

大学生组织的集体活动中,那些最先受到关注的学生总是在同等条件下具有外貌吸引力的人,人们对美貌的人的其他方面也会给予积极评价。但如果人们感到有魅力的人在滥用自己的美貌时,反过来倾向于对其实施严厉制裁。

3. 相似与互补吸引

相似有着重要的意义,在日常生活中共同的态度、信仰、价值观与兴趣,共同的语言、文化、宗教背景、基本相同的教育水平、年龄、职业、社会阶层,乃至共同的遭遇、共同的疾病等都能在一定条件下,不同程度地增加人们的相互吸引。

与相似相联系的是互补。当交往双方的需要和满足途径正好成为互补关系时,双方之间的喜欢程度也会增加。大学生中,外向型的人喜欢与内倾型性格的人友好相处,相互欣赏;家庭经济条件优越的学生会欣赏那些克服困难求学的学生;依赖性强的人更愿意与独立性强的人交朋友等等。还有一种情况是补偿作用,如一个看重成绩而自己成绩又不很理想的学生,更看重成绩优秀的学生。

4. 能力吸引

在其他条件相等的情况下,一个人能力越高、越完善,就越受到欢迎。研究结果表明,实际上在一个群体中最有能力、最能出好主意的人往往不是最受喜爱的人。在实践中,我们常常遇到这样的学生,因为他的出类拔萃反而失去了同学的喜欢与信任,这是因为,一方面人都希望自己周围的人有才能,有一个令人愉快的人际关系圈,但如果别人的才能使自己可望而不可即,则会产生心理压力。正所谓"木秀于林,风必摧之"。显然,才能与被人喜欢的程度在一定范围内成正比,超出这个范围,可能会产生逃避或拒绝。因此,一个才能出众但偶尔有点小错误的人在一定程度上比没有错误的人更受欢迎。

5. 人格吸引

具有持久吸引力的人是那些具有使人喜爱、仰慕并渴望接近的性格特征的人。人们一般都喜欢真诚、热情、正直、开朗的人,讨厌自私、虚伪、庸俗的人。

美国心理学家安德森在 1968 年所做的一项调查发现:排在序列最前面的,受喜爱程度最高的 6 项个性品质如真诚、诚实、理解、忠诚、真实、可信等都或多或少、间接或直接与真诚有关;而排在序列最后的受喜欢程度低的几个品质如说谎、装假、不诚实、不真实等也都与真诚有关,真诚受人欢迎,虚伪令人讨厌。

三、大学生人际交往的心理困惑及其调适

1. 自卑

自卑是指由于一些条件的限制和认识上的偏差,认为自己在某个方面或某几

个方面都不如别人，从而产生的轻视自己、失去自信、畏缩的一种情绪体验。据调查（李晓萍、孟祥听，2000），有52.43%的同学认为自己与人交往中，曾经因为自卑而不愿与人交往。在平时大学生的咨询过程中也有一半以上的同学因为自卑而使人际关系失谐。自卑有多种表现方式，退缩或过分地争强好胜是其中最明显的两种，都妨碍一个人积极而恰如其分地与他人交往，尤其是过分畏怯、退缩。大量调查表明自卑心理一般多见于新入学的大学生宿舍人际关系中。由于学习、生活环境的变迁，在学习上，大学生们在这人才荟萃的新"家庭"中，出现一种重新分化的格局。中学时期学习上的名列前茅现在可能排在了后面；在生活上，也由中学时代的父母"包办"变成了"自理"。家庭经济状况、社会地位及自身的某些生理缺陷等主、客观原因，都会促使大学生感到自卑和脆弱。自卑感一经形成便具有很强的感染性和扩散力，会给大学生之间的相互交往带来不良的影响。在大学生中还存在另一种自卑心理，即掩盖于"自傲"、"清高"的表面现象之下的一种自卑心理。有这种自卑心理的大学生十分渴望与别人交往，渴望得到别人的关心和帮助，但是由于其在某一方面的优势，而不肯放下所谓的"架子"主动地与别人交往，最后给别人造成一种拒人于千里之外的错觉。

一般来说，自卑的人容易消极地、过低地评价自己，总觉得自己在容貌、身材、知识、能力、口才，甚至衣着（这一点特困生表现明显）等方面不如别人，低人一等，害怕与人交往。克服自卑应从认识、情绪、行为三个方面同时入手。

（1）从思想上树立"天生我材必有用"的信念。心理学研究表明，成功者与失意者在智力上并没有显著差别，并不是智商高的人就一定能成功。他们之间最主要的差异在自我评价上。

（2）调节自己交往时的情绪。学会积极的自我心理暗示、自我激励，可以暗地里用语言对自己说"我能行"、"我对未来充满信心"、"再试试"。

（3）树立自信，马上行动。正确认识自己，善于根据自己各方面的条件、特长，发挥自己的优势、在发展中增强自己的自信心；积极参加群体活动，在活动中发现和发展自己的能力，唤起自己的自信心，在积极的心理状态下不断克服自己的自卑心理。真正的自信还需要用行为来表现，故我们可以从容易处入手，如说话训练，先在朋友、熟人面前演练，有把握后再扩大听众群。

2. 嫉妒

嫉妒是一个人由于嫉贤妒能，对才能、名誉、地位等比自己强的人所产生的不愉快和怨恨的情绪体验。当身边的同学在学习成绩、活动能力、生活条件、外貌形象等方面优于自己时，就可能引起个体产生嫉妒心理。调查（李晓萍、孟祥听，2000）表明，大约有58.25%的同学承认自己在与人交往中产生过嫉妒心理。

从心理学角度来看，嫉妒是对超过自己的人感到恐惧和愤恨的混合心理，是自私自利、唯我独尊的一种异常心理表现。嫉妒者其实比其他人更为痛苦,别人的幸福和他自己的不幸都将使他痛苦万分。他们因心灵巨大的创伤或某种无法补偿的缺陷,无力或不敢与强者竞争,或因为怕吃苦而不想与别人竞争,但又容不下别人的优点与长处,害怕别人超过自己,心理上发生矛盾,失去平衡,便自觉或不自觉地贬损别人以求得心理上的平衡。嫉妒者时刻寻找对他人实施"报复"行为的时机,经常处于精神紧张的"高度戒备"状态。嫉妒心理同自傲、自卑心理一样,是建立良好人际关系的大敌。

嫉妒者由于把别人的优势视作对自己的威胁,从而感到恐惧和愤怒,怕别人的优势突显出自己的低下。但他们并不是通过自己的努力去弥补已经存在的差距,而是借助贬低、诽谤、中伤等手段攻击对方,拉对方后腿,以求心理上的满足,似乎这样就可以缩短自己与对方的差距。培根说:"每一个埋头沉入自己事业的人是没有功夫去嫉妒别人的,能拥有它的只能是闲人。"消除大学生中的嫉妒心理常用的调适方法有:

(1) 加强思想意识修养,树立正确的人生观。嫉妒心理受人的理想、信念等个性倾向性的制约,只有逐步树立起高尚的道德情操和献身于社会的崇高理想,自私自利、唯我独尊的个性缺陷才能克服。

(2) 解放狭隘的"自我"。嫉妒的病根在于自私,如果我们克服私心杂念,严于律已,宽以待人,"心底无私",对别人的进步和优势感到高兴,如果我们见贤思齐,凭自己的奋斗迎头赶上,那么嫉妒心理就无法滋生。

(3) 积极克服自己性格上的弱点。一般而言,虚荣心强、心胸狭窄、敏感多疑的人容易产生嫉妒心理。加强自己的性格塑造,逐渐形成不图虚名、心胸开阔、坚毅自信的性格特征,对消除嫉妒心理至关重要。

(4) 正确评价自己,增强竞争意识。承认自己某方面与别人的差距,欢迎竞争,积极参与竞争,努力实现自己潜在的价值,同时注意与他人的竞争应该有所选择和侧重,避免分散精力,做无谓的竞争。

3. 害羞

害羞又称社交焦虑,是指面对新环境的交往活动,却羞于同别人交往的一种心理反应。表现为腼腆,胆怯,拘谨,动作扭捏,不好意思,说话的音量又低又小,有时还动作颤抖,很不自然。害羞是人际交往中普遍存在的心理现象,尤其发生在与异性的交往中,其产生主要是由于个体对安全感的过分追求。美国心理学家秦姆赫调查发现,有40%的美国人都认为自己有怕羞的心理弱点,还有大约40%~50%的人认为自己曾经在某种特定的场所感到羞怯。李晓萍和孟祥听(2000)的调查显示,承认自己因为害羞而不敢与人交往的大学生占49.7%。而另一项调查(伍琦育,1999)发现,在大学生的人际交往中,首要的阻碍因素就是羞怯心理,且在大多数情况下，男女羞怯心理差异不显著。按产生原因可将害羞分为三类：

一是气质性的害羞。即生来就有的性格沉静内向，遇到人或事就胆小退缩，思前想后，举棋不定。二是认知性害羞。过分注意自我，注意自己的举手投足，患得患失，所以易受他人的支配，羞于与人交往，缺乏交往的主动性。三是创伤性害羞。由于生活、学业上的挫折和失败经历，而变得小心谨慎，消极被动地接受周围的一切。随着年龄增长、交往的频繁，害羞心理会逐步减弱与消失。但如果过度害羞，就会使人在交往活动中过分约束自己的言行，无法充分表达自己的愿望和情感，也无法与人沟通，妨碍良好的人际关系的形成。

害羞心理往往是在家庭、学校等环境下，在接触朋友、同学时逐步形成的。害羞者真正缺少的是自信，是不相信自己能给别人留下好印象，担心自己说错话，索性不说话。此外，缺少交往活动也是害羞心理产生的重要因素，故大学生可以从以下途径调适自己的害羞心理：

(1) 树立自信。相信自己有能力以恰当的方式讲述任何事，并能给别人留下良好的印象，相信自己能在交朋友方面比现在做得更好。

(2) 加强交往实践活动。性格懦弱、十分害羞的人，若从事服务业、教育、商业、行政等常需与别人打交道的职业，其害羞心理能在实践中逐步消失。故有害羞心理的大学生也应该在自己的生活中勇于去交朋友，多与他人交谈，多参加自己感兴趣的集体活动，让自己的害羞心理在实践中不知不觉地消失。

(3) 加强自律性训练。心理的自我暗示可以使自己沉住气，落落大方，不卑不亢地走向交往场合。交往伊始，要多运用自我暗示的方法，多告诫自己："没什么可怕的"，"勇敢些，没什么大不了"。

(4) 善于模仿。善于学习有关的学问，注意观察与模仿一些坦然自若、善于交际、活泼开朗的人的言行举止。了解更多交往的具体方法，张嘴就不会"丢丑"，不会助长害羞心理，进而一步步走出害羞。

4. 猜疑

猜疑是指没有事实依据而抓住"皮毛"，凭主观想象进行判断推测，只相信自己，却总怀疑他人、挑剔他人的一种不良心理。猜疑心理过重的大学生在人际关系中常表现为生性孤僻、敏感多疑、小心谨慎、戒备心强、对人冷淡，完全处在一个自我封闭的心理防御小圈子中，无端地怀疑别人在威胁自己的名誉、声望、形象，把别人的一举一动都与自己联系起来并看成是自己的阻碍。还有不少学生疑心太重，"逢人只说三分话，不可全抛一片心"，一旦遇到一些意外或不顺心的事，不是首先从自身找原因，而是怀疑别人在背后做了手脚。猜疑产生的心理原因主要是受到不恰当的他人暗示或自我暗示。疑心者给人的感觉是心胸狭窄、气度狭小、过分注意自己的得失，他们希望别人相信自己，又怀疑别人看不起自己、不相信自己。猜疑者自身也常常体验到巨大的心理压力，在这种心理状态下，很难与别人进行正常的人际交往，既影响个人潜能的发挥，又影响朋友关系的建立和发展。

当一个人猜疑心重，并形成稳定的心理状态，就会令人厌恶，导致人际关系紧张，甚至会使同学间的亲密关系产生裂痕。猜疑是大学生正常人际交往的拦路虎，从根本上说，要消除猜疑就要努力做到：

(1) 培养良好的性格。猜疑者的一般表现是与朋友相处时不坦率，不暴露思想，唯恐真实动机被别人察觉到。故需培养正直、诚实、实事求是的性格，养成根据客观事实来进行推理、判断的思维习惯，克服主观武断地下结论、轻易怀疑别人的习惯。

(2) 提高抱负水平。猜疑往往和一个人抱负水平低、过分拘泥于生活琐事有关。提高自己的抱负水平，在远大目标的追求中开阔个人的胸怀，倾心于自己所追求的事业中，就不会因为人际关系中的琐事而分心了。

5. 孤独

孤独是因缺乏人际交往而产生的寂寞感与失落感，是宁可独处也不与别人交往所产生的一种心理。孤独是一种主观的心理感受，而不一定与外在行为表现相一致。调查(袁庆淮等，1995)表明，由于在学习、生活中遇到的矛盾、困难、困惑以及所关心的问题没有得到及时的解决，有 65.85%的大学生有某种程度的孤独感，4.19%的大学生有较深的孤独感。孤独也是大学新生中普遍存在的心理问题。满怀愁绪无可倾诉的时候，会感到寂寞；生活困难求助无门时，会感到寂寞；失学、失业、失恋后缺少社会关怀时，也会感到寂寞。在这种情况下寂寞心态是难免的，也可以说是正常的。若在多人参与的生活环境下，或在众皆欢乐的热闹场合里，仍然深深感到寂寞，那就是孤独了。大学生感情上的满足，一般不外恋爱、家庭、朋友和社会等几方面的来源，如果在这些方面的关系出现裂痕，难免会感到孤独和苦闷。没有人永远不寂寞，但却有人长期寂寞。孤独与独处不同，孤独是心理上的寂寞感与痛苦感，孤独的人是不快乐的，也是不情愿的；独处只是身体上离开别人，而在心理上却未必不快乐，甚至有人甘愿独处，享受宁静中的喜悦。具有高傲、冷僻性格的大学生容易产生孤独感，他们自命不凡，看不上旁人，感觉别人“庸俗”、“不懂人情”，于是索性不愿与人交往，不想依靠别人，也不想别人求助于他。孤独会使人丧失社会交往，丧失青春活力，丧失才智和健全的人格。孤独过甚者，有的试图到神那里去寻求精神寄托，有的酗酒、纵欲、轻生，甚至与社会作对。

据社会心理学家分析，孤独产生的原因大致包括：缺乏社交技巧，不能在与人接触时体察别人，并适度表现自己；自我爱好的过度满足，忽略别人的权益与需求；对人缺乏同情心，无法获得别人的感情回应；自责过重，与人交往时过分患得患失，因恐惧失败心理的影响对社会活动退缩与逃避；个性悲观，对人无信心，与人交往不能坦诚相对，不能表露自己的特点，因而无从获得对方的欣赏与尊重。孤独的人一般缺少人际关系，或者说，不能建立亲密的人际关系，故大学生要战胜人际关系中的孤独心理，可以从以下几个方面努力：

(1) 融入集体之中。心中包容整个世界，把个人永远融于集体之中，这样才能正确处理好个人与社会的关系，发挥个人的才智，这也是战胜孤独的根本。

(2) 多参与社会活动。不必要求立即获得回报，多学习社会交往能力，并借此机会让别人认识、了解你。

(3) 改正不良性格。高傲、冷僻、尖酸、刻薄等性格往往会使人与你疏远，应该加以克服和矫正。

(4) 培养慎独的功夫。失意与独处是人生中无法避免的，应培养自己慎独的功夫，以期在个人独处时也不致有太大的孤独、寂寞之苦。

四、大学生良好人际交往心理的养成

(一) 做一名好听众

生活中，人们聚在一起时许多时候要求我们做一名好的听众。做一名好的听众意味着他对说话者的尊重与关注，意味着对他们的理解和确认。你也许会觉得这太简单了，不就坐在那里保持沉默吗？不，好的听众的要求远远不止这个，恰恰相反，许多时候还需要听众主动地做出一些反映，或者说一声"是这样吗"或者做友好的点头等等。

听的重要性不亚于说，一个善听的人，能使别人产生好感，给别人留下好的印象，从而很容易与别人交上朋友。

人都有被尊重的欲望，这是你在社交中应该注意的。只有你尊重别人，他们才会尊重你。因此你要让对方感到你在重视他。富兰克林说："总而言之，用耳朵比用嘴会得到更多的东西。"你不必在意你能否成为交谈场合的中心，你只有首先成为一个很好的听众，你才会处处受到欢迎。人们总不会拒绝一名乐于听他说话的人。

"如果你想要仇人，你就表现得比别人优秀，如果你想要朋友，你就让别人表现得比你优秀。"法国哲学家的这句话似乎不合情理，但事实正是这样的，我们自己若表现得太优秀太出色，往往会使别人自叹不如，从而产生妒忌——这离成为仇人已经不远了；相反，若给别人一个表现的机会，让他们有优越感和自豪感，他们就会友好地对待你，你就会很容易被他视为朋友。

然而，我们却常常忽视这一点，我们总是想方设法抓住一切机会来表现自己，似乎是为了让别人感觉到我们的存在，我们时常喋喋不休地说个不停。

有句话说得很好:“你希望别人怎样对待你,你就应怎样对待别人。”由此看出,你若想别人同意你的观点,你先得给他们一个表达自己观点的机会。

话说得太多,就难免会有不少是废话,我们为什么不适可而止呢?

学会听别人说,你才会说得更好。未当过观众,演员怎么能知道观众想看什么呢?他再努力,也是无用的。同样,没做过听众,又怎么可能在说话时抓住听众的心理呢?因此,会听才会说。

(二)不要苛求别人

常有人因交不到一个理想的朋友而苦恼,朋友之间交往到一定程度,往往就因一些不能适应的个性而分手了。造成这种情况的原因就在于:对朋友要求太高,过分依赖友情。俗话说“己所不欲,勿施于人”,在交友的过程中,要想找到一个十全十美的人做朋友,恐怕等到头发白了也没有希望。假使真有这样的人,说不定人家还因为你有不少缺点而不愿和你交往呢。

宋朝袁采说:“人之性行,虽有所短,必有所长,与人交往,常念其长而不顾其短,可终生为伴。”可见,若对朋友太苛求,实际上则没有真正理解“朋友”二字的含义。

在交往过程中,如果我们换一个角度去看别人,说不定很多缺点都是优点:一个固执的人往往是一个信念坚定的人;一个吝啬的人往往是一个节俭的人;一个城府深的人往往是一个深谋远虑的人;一个自大的人往往是一个自信心强的人;一个喜欢发脾气的人往往是一个感情丰富的人……由此可见,在交往中经常换角度思考问题是必要的,这也是一个置身于交往中的人必须掌握的心理技能。

(三)发现别人的优点并真诚地赞美

实践证明:称赞别人是策动他最好的方法。尤其是在那些不为人注意的领域,适当的赞美更能带来巨大的效果。

当一个人沉迷于对别人的缺点指手画脚的时候,他在别人的眼中也会变成满是缺点的人。有位哲人说得好:“别忘了,当你用食指指着别人后背说三道四的时候,你的其余三个手指正指着自己!”因此,不妨学着把注意力放到别人的优点上,别再那么计较他们的缺点。这样的话我们同时也会养成一种发现优点的习惯,这种习惯如果运用到自己身上会大大地增加我们的自信心,培养我们积极的心态。

此外,当你注意到别人的优点时,你对他们的态度会变得更加积极、友好,从而更容易接受别人。你做到这一步之后,别人也会反过来更容易接受你,因为感情总是相互的。这样,你就能与他们建立一种更为持久、更为亲密的关系,这对你的个人生活和事业都是大有好处的。

赞美是人类精神的阳光。没有它，我们几乎不能生存。

（四）不必追求“人人都说好”的境界

追求“人人都说好”的境界是人际交往中的一种误区。因为这是根本不可能实现的，也是没有必要的。

记得在《论语》中有段话，其大意是，孔子的学生子贡问孔子：“一个人，如果周围的人都说他好，怎么样？”孔子回答说：“不可以”；子贡接着说：“一个人，周围的人都不喜欢他，怎么样？”孔子回答说：“不可以，不如周围的好人喜欢他，不好的人都不喜欢他，才是我们要求的境界”。

不过话又说回来，如果不管你怎么做，反对你的人都是绝大多数，则另当别论了。这时问题十有八九是出在你自己身上。就像一个寓言故事讲的那样：一只乌鸦向东飞去，途中遇到鸽子，鸽子问它：“你要到哪里去呀？”“这个地方的人嫌我的声音不好听，我想飞到别处去。”乌鸦说。鸽子又说：“你飞到别处去还会有人讨厌你，若不改变声音，到哪里都是不会受欢迎的。”乌鸦听后很受启发，放弃了迁移计划。这也就是说人际交往如有大的麻烦，就应先从调整自己入手，否则就会令自己更失望、苦闷和烦恼。

（五）给别人理由，让别人爱你

日常生活中，人们都有一种倾向：希望别人承认自己的价值，接纳、喜欢、支持自己。这种倾向使得人们在人际交往中更注意吸引别人的注意，并注意自我表现，想以自我为中心，而不是以他人为中心。然而，这种自我中心的心理倾向恰恰是在人际交往上经常遇到困难的主要原因之一。

心理学家曾经做过这样一个实验：实验员假装成被试，与真被试在实验中相互交往，被试会听到这位假被试与实验负责人谈到对真被试的印象。第一次，实验员从开始就用相当肯定的语气说自己如何如何喜欢被试；第二次实验员自始至终都对被试作否定的评价，最后问被试喜欢不喜欢实验员。正如人们所预见的那样，当实验员说喜欢他时，他也喜欢实验员，否则反之。

实验证明：人们都有一种心理倾向——喜欢那些喜欢自己的人。正如有句话说的好：“爱人者，人恒爱之”。我们希望别人怎样对待自己，你就应先怎样去对待别人。

想让更多的人喜欢你、接受你吗？你就应更多地去爱别人，理解别人。

（六）保持适当的心理距离

心理学家霍尔认为，人际交往中双方所保持的空间距离是人际关系的表现。

研究发现,亲密关系(父母和子女、情人、夫妻间)的距离是 0～0.5 米,个人关系(朋友、熟人间)的距离一般为 0.5～1.2 米,社会关系(一般认识者)一般为 1.2～3.5 米,公共关系(陌生人、上下级之间)的距离为 3.5～7.5 米。

说出这个理论,并不是认可与朋友、熟人之间的距离控制在 0.5～1.2 米之间这么精确,但人际互动中的距离的确是人对事物在态度上的一种表现。

朋友、熟人往往是通过沟通,在思想、情趣等方面因为相通或互补建立了比较亲密的类似于战友的情谊,在他们面前,你既不会刻意隐瞒自己的恶习,也不会坦诚地倾诉自己所有的缺点,因此,朋友、熟人能够介入且只能介入的也只是你生活的一部分。而在一个屋檐下朝夕相处的父母、爱人一定了解你是否早起刷牙,是否睡前洗脚等一系列的生活细节,所以,他们介入你生活的程度更深。这样的亲密是任何一个朋友不能替代的。

对一个人而言,如果把自己看作是一个集合,把上面的两类人想象成另外两个集合,则这两个集合都与自己有交集,两个集合既不包含也不与自己重合,自己与他们永远都不相交的部分,就是你的私人空间,它只属于你自己,是你最个性化的部分。

无论是朋友还是父母,你的私人空间都不会敞开,他们可以远远地欣赏,因为那里虽然隐秘但不肮脏,虽然很小的一个空间,但你需要并且一定要用自由填满,其实,这对每个人都很重要。

如果你没有调整好彼此的心理距离,不恰当地把你和他人的心理距离拉得太近,没有给对方适当的自由度,往往导致密友渐渐疏远你。

很简单,还别人心理自由,就是说,在人际交往中,不论关系多好,也要保持一定的距离,给对方一定的距离感。距离是很微妙的,拉开一定的距离,一来可以使彼此感到舒适和自在,二来可以使彼此感到对方更完美,从而使彼此关系更融洽和谐。

(七) 学会换位思考

这对建立良好的人际关系很重要。如果我在他的位置上,我会怎样处理? 经常站在对方的角度去理解和处理问题,一切就会变得简单多了。一般而言,善于交往的人,往往善于发现他人的价值,懂得尊重他人,愿意信任他人,对人宽容,能容忍他人有不同的观点和行为,不斤斤计较他人的过失,在可能的范围内帮助他人而不是指责他人。懂得"你要别人怎样对待你,你就得怎样对待别人";懂得"己所不欲,勿施于人";懂得"得到朋友的最好办法是使自己成为别人的朋友";懂得别人是别人而不是自己,因而不能强求,与朋友相处时应存大同,求小异。

（八）避免不必要的辩论

与其陷入无休止的辩论中，不如腾出时间来做些实实在在的事情，除非涉及重大的信仰和利益，最好不要在口舌上逞强，一个真正的社交高手绝对不会依靠理论来征服别人，他懂得如何与人讨论一些轻松的问题，如何在不同的意见中相互为对方留有余地。

也许你参加过不少的认证考试。能否拿到证书与报考的人数完全没有关系。因此，你没有必要想方设法去打败别人，只要你的目的达到，你就完成了考试的使命。

在我们与人交流的时候，情况也很类似，交流的目的在于真实地表达观点而不是其他。有些人似乎没有认识到这一点，他们总是为一些意义不大的问题激烈地辩论，甚至相互攻击。这有必要吗？

教学互动

★ 人际交往自我肯定训练

目的：练习主动去接受别人，培养对人的亲近感。

操作：在同学面前大声朗读下面的内容。

我热爱自己，也热爱他人，我愿意与他人交往。与他人交往，我感到自己越来越成熟，越来越自信，越来越快乐了。我奉献给别人友情，别人也报之以友情。我学会了宽容他人。我知道没有人能够十全十美，所有的人都需要加以改善。我勇敢地走向大庭广众。在人多的地方，我也能自如地表达自己，自如地推销自己。我很善于和别人交流思想，沟通感情。我诚实地对待他人。我信赖别人，犹如别人信赖我。每天我都对人怀着亲切的感觉。我善于倾听别人的谈话，我关心周围人的成长。我对他人良好的表现给予真诚的赞美。当别人有缺点错误时，我会通情达理地谅解，并给予别人善意的指正。在指出别人的缺点、错误时，我会采用恰当的方式、方法。我不会伤害他人的自尊心，就像他人注意保护我的自尊心一样。当我做错事的时候，我愿意承认自己的错误并向他人道歉。我为人处世恪守信用。我办事踏实，得到了大家的信任。

在以上练习的基础上，经常进行如下内容的想象训练。想象自己在日常生活中的一些交往场面。暗示自己：我发现，当我进行过自我肯定之后，完全改变了往日社交拘谨的形象。我自如地走向这个场合，在他人面前自如地表现自己。我看到了别人对我的变化给予的认可和赞赏。我开始回报他人，给予别人更热烈的赞美、好评、感谢和祝福。我逐渐发现，无论在何种场合，自己的人缘越来越好，越来越受大家的欢迎了。在这融洽、和睦、温暖的人际环境中,我感到了人生的充实和幸福。

★ **优点轰炸**

目的:学习发现别人的优点并加以欣赏,促进相互肯定与接纳。

操作:5～10人一组围圈坐。请一位成员坐或站在团体中央,其他人轮流说出他的优点及欣赏之处(如性格、相貌、处事……)。然后被称赞的成员说出哪些优点是自己以前察觉的,哪些是不知道的。每个成员到中央戴一次高帽。规则是必须说优点,态度要真诚,努力去发现他人的长处,不能毫无根据地吹捧,这样反而会伤害别人。参加者要注意体验被人称赞时的感受如何;怎样用心去发现他人的长处;怎样做一个乐于欣赏他人的人;练习结束时,大家心情愉快,相互接纳性增高。此练习一般适合相互比较熟悉的成员应用。

心理测试

★ **人际关系心理诊断量表**

这是一份人际关系行为困扰的诊断量表,共28个问题,每个问题做"是"或"否"两种回答。请你认真完成,尔后参看后面的评分计分办法,对测验结果作出解释。

1. 关于自己的烦恼有口难言。( )
2. 和生人见面感觉不自然。( )
3. 过分地羡慕和妒忌别人。( )
4. 与异性交往太少。( )
5. 对连续不断的会谈感到困难。( )
6. 在社交场合,感到紧张。( )
7. 时常伤害别人。( )
8. 与异性来往感觉不自然。( )
9. 与一大群朋友在一起,常感到孤寂或失落。( )
10. 极易受窘。( )
11. 与别人不能和睦相处。( )
12. 不知道与异性相处如何适可而止。( )
13. 当不熟悉的人对自己倾诉他的生平遭遇以求同情时,自己常感到不自在。( )
14. 担心别人对自己有什么坏印象。( )
15. 总是尽力使别人赏识自己。( )

16. 暗自思慕异性。(　)
17. 时常避免表达自己的感受。(　)
18. 对自己的仪表(容貌)缺乏信心。(　)
19. 讨厌某人或被某人所讨厌。(　)
20. 瞧不起异性。(　)
21. 不能专注地倾听。(　)
22. 自己的烦恼无人可申诉。(　)
23. 受别人排斥与冷漠。(　)
24. 被异性瞧不起。(　)
25. 不能广泛地听取各种意见、看法。(　)
26. 自己常因受伤害而暗自伤心。(　)
27. 常被别人谈论、愚弄。(　)
28. 与异性交往不知如何更好地相处。(　)

记　分　表

Ⅰ	题目	1	5	9	13	17	21	25	小计
	分数								
Ⅱ	题目	2	6	10	14	18	22	26	小计
	分数								
Ⅲ	题目	3	7	11	15	19	23	27	小计
	分数								
Ⅳ	题目	4	8	12	16	20	24	28	小计
	分数								
评分	标准	打“是”的给1分,打“否”的给0分,总分							

测验结果的解释与辅导:

如果你得到的总分是0～8分,那么说明你在与朋友相处上的困扰较少。你善于交谈,性格比较开朗,主动,关心别人,你对周围的朋友都比较好,愿意和他们在一起,他们也都喜欢你,你们相处得不错。而且,你能够从与朋友相处中,得到许多乐趣。你的生活是比较充实而且丰富多彩的,你与异性朋友也相处得很好。一句话,你不存在或较少存在交友方面的困扰。

如果你得到的总分是9～14分,那么,你与朋友相处存在一定程度的困扰。你的人缘很一般,换句话说,你和朋友的关系并不牢固,时好时坏,经常处在一种起伏波动之中。

如果你得到的总分是15～28分，那就表明你在同朋友相处上的行为困扰较严重，分数超过20分，则表明你的人际关系行为困扰很严重，而且在心理上出现较为明显的障碍。你可能不善于交谈，也可能是一个性格孤僻的人，不开朗，或者有明显的自高自大、讨人嫌的行为。

以上是从总体上评述你的人际关系。下面，将根据你在每一横栏上的小计分数，具体指出你与朋友相处的困扰行为及其可资参考的纠正方法。

记分表中Ⅰ横栏上的小计分数，表明你在交谈方面的行为困扰程度。

如果你的得分在6分以上，说明你不善于交谈，只有在极需要的情况下你才同别人交谈，你总难于表达自己的感受，无论是愉快还是烦恼；你不是个很好的倾听者，往往无法专心听别人说话或只对单独的话题感兴趣。

如果得分在3～5分，说明你的交谈能力一般，你会诉说自己的感受，但不能讲得条理清晰；你努力使自己成为一个好的倾听者，但做得还不够。如果你与对方不太熟悉，开始时你往往表现得拘谨与沉默，不大愿意跟对方交谈。但这种局面在你面前一般不会持续很久。经过一段时间的接触与锻炼，你可能会主动与同学搭话，同时这一切来得自然而非造作，此时，表明你的交谈能力已经大为改观，在这方面的困扰也会逐渐消除。

如果你的得分在0～2分，说明你有较高的交谈能力和技巧，善于利用恰当的谈话方式来交流思想感情，因而在与别人建立友情方面，你往往比别人获得更多的成功。这些优势不仅为你的学习与生活创造了良好的心境，而且常常有助于你成为伙伴中的领袖人物。

记分表中Ⅱ横栏上的小计分数，表示你在交际与交友方面的困扰程度。

如果你的得分在6分以上，则表明你在社交活动与交友方面存在着较大的行为困扰。比如，在正常集体活动与社交场合，你比大多数伙伴更为拘谨；在有陌生人或老师存在的场合，你往往感到更加紧张而扰乱你的思绪；你往往过多地考虑自己的形象而使自己处于越来越被动，越来越孤独的境地。总之，交际与交友方面的严重困扰，使你陷入"感情危机"和孤独困窘的状态。

如果你的得分在3～5分，往往表明你在被动地寻找被人喜爱的突破口。你不喜欢独自一个人呆着，你需要朋友在一起，但你又不大善于创造条件并积极主动地寻找知心朋友，而且，你心有余悸，生怕在主动行为后的"冷"体验。

如果得分低于3分，则表明你对人较为真诚和热情。总之，你的人际关系较和谐，在这些问题上，你不存在较明显持久的行为困扰。

记分表中Ⅲ横栏的小计分数，表示你在待人接物方面的困扰程度。

如果你的得分在6分以上，则往往表明你缺乏待人接物的机智与技巧。在实际的人际关系中，你也许常有意无意地伤害别人，或者你过分地羡慕别人以致在内心妒忌别人。因此，其他一些同学可能回报给你的是冷漠、排斥，甚至是愚弄。

如果你的得分在3～5分，则往往表明你是个多侧面的人，也许可以算是一个较圆滑的人。对待不同的人，你有不同的态度，而不同的人对你也有不同的评价。你讨厌某人或被某人所讨厌，但你却极喜欢另一个人或被另一个人所喜欢。你的朋友关系某些方面是和谐的、良好的，某些方面却是紧张的、恶劣的。因此，你的情绪很不稳定，内心极不平衡，常常处于矛盾状态中。

如果你的得分在0～2分，表明你较尊重别人，敢于承担责任，对环境的适应性强。你常常以你的真诚、宽容、责任心强等个性获得众人的好感与赞同。

记分表中Ⅳ横栏的小计分数，表示你跟异性朋友交往的困扰程度。

如果你的得分在5分以上，说明你在与异性交往的过程中存在较为严重的困扰。也许你过分地思慕异性或者对异性持有偏见。这两种态度都有它的片面之处。也许是你不知如何把握好与异性同学交往的分寸而陷入困扰之中。

如果你的得分是3～4分，表明你与异性同学交往的行为困扰程度一般，有时你可能会觉得与异性同学交往是一件愉快的事，有时又会认为这种交往似乎是一种负担，你不懂得如何与异性交往最适宜。

如果你的得分是0～2分，表明你懂得如何正确处理异性朋友之间的关系。对异性同学持公正的态度，能大大方方地、自自然然地与他们交往，并且在与异性朋友交往中，得到了许多从同性朋友那里不能得到的东西，增加了对异性的了解，也丰富了自己的个性。你可能是一个较受欢迎的人，无论是同性朋友还是异性朋友，多数人都较喜欢你和赞赏你。

★ 不良交往行为的自我测量

美国芝加哥大学的行为心理学家米哈里博士曾经对该大学的学生进行过一项调查研究，他向300名大学生发出问卷，要求他们指出，何种行为最令人感到厌烦。在问卷中，他列出43项令人无法接受的行为，由受验者按照自己对其厌烦程度的深浅顺序排列。以下是根据调查资料得出的8项最不受欢迎的行为。请问，你是否这样？

1. 经常向别人诉苦，包括个人健康问题、经济困难、工作情况等。但对别人的问题却从不感兴趣，不予关注。

2. 经常唠叨，只谈论一些鸡零狗碎的琐事，或不断重复一些肤浅的见解及一些一无是处的空话。

3. 言语单调，喜怒不形于色，对任何事都漠然，情绪上毫无反应。

4. 态度过分严肃，不苟言笑，一派道貌岸然的样子。

5. 缺乏投入感，在任何社交场合中，悄然独立，既不参与别人的活动，亦不主动与人沟通。

6. 态度过激,或语言浮夸粗俗,满口污言秽语。

7. 过度以自我为中心,不断向人诉说自己的生活琐事,夸耀个人经历;或只谈个人兴趣,从不理会别人的感受和反应。

8. 过度热衷取悦别人,花言巧语,博得别人的“好感”。

答案与分析:

米哈里博士指出,任何人都会偶然变得令人感到厌烦,但如果是在任何情况下都成为不受欢迎的人物,那一定是行为健康方面出了问题。假如上述8项行为中,你有3~4项,那你肯定在别人的心目中是一个难以接受的人物。应该自我检查一下,设法加以改善。

第十章 人类的潜能源

——性爱心理训练

有一群生活在冰天雪地里的企鹅，他们每天都迈着优雅从容的绅士步，愉快地过着日子。

他们当中有一只企鹅叫康康，那是所有企鹅当中最优秀者之一，它深深地爱着他们当中的另一只企鹅喃喃。在企鹅群里有个规矩：未婚者必须找一些石头给被求婚者，以便为以后共同的日子建造温暖的家而使用。

像所有准备求婚的企鹅一样，康康千辛万苦地奔波着，去寻找石头。他经过长途跋涉，扔掉一块又一块自己觉得不满意的石头，正当康康累得筋疲力尽时，终于找到了一枚最精致、最光洁的石头，这可是他千挑万选以后觉得最满意的一枚，他认为只有这一枚，才配得上喃喃。

可是，喃喃最后却和另一只企鹅结婚了。那只企鹅，一直跟在康康后面，当康康把所有他认为不好的石头扔掉时，他就会把那些石头都捡起来，然后送给喃喃。这些石头虽然很粗糙而且也不完善，但是很多，堆得满满的，于是喃喃便答应嫁给他。

康康一直不明白：喃喃一直喜欢自己啊，平时玩得很好，可为什么喃喃会作出这种选择？

时间过得非常快，转眼三年过去了，在这期间，康康和喃喃谁也没有理过谁。直到有一天，喃喃才找康康把当初不嫁给他的原因告诉他："其实我一直很爱你，可是我却嫁给了他……因为他送了我好多石头，而那些石头都是你丢掉的，你知道吗？我们生活在冰天雪地里，如果没有足够的石头做窝孵卵，我们的后代在出生之前就会被冰层冻死……你送我的那一枚石子好美，晶莹剔透，可是那是爱情。单纯的爱情支撑不了长久的婚姻和对儿女的责任……"

爱情是人类永恒的图腾，也是人类精神世界不竭的动力之一，能充分感受到爱情甜蜜的人，其潜能将会得到极大的发挥。大学阶段是青年学生恋爱心理最活跃的时期，爱情正悄悄地生长并繁茂。然而，爱情不仅充满了甜蜜与浪漫，也有它的雷区，更体现着恋爱中男男女女的人生观与价值观。

一、大学生的性生理与性心理

恋爱虽然是追求爱情的行为，但并不是生来就有的。一个人对爱情的追求，只有当他的生理和心理发展到一定阶段时才会产生。也就是说，恋爱是大学生性生理与性心理发展的结果。

（一）性生理的发育

性生理发育水平决定性心理和性行为的发展水平。在校大学生的平均年龄在20岁左右，处于性生理发育的成熟期。两性生理的发育有两个明显的标志：一是体征上的变化，如男性骨骼壮大，喉结突出等；二是指功能上的，两性生殖系统发育成熟，男性分泌精液以至出现遗精，女子开始每月规律性排卵，出现初潮。在我国，男性首次遗精大多数在14～16岁，女性月经初潮大多数在13～14岁。绝大多数大学生在中学时代就完成了性成熟的关键一步。性生理的成熟为大学生恋爱提供了生理基础。

（二）性心理的发展

科学研究表明，直接影响性生理成熟的是大脑脑垂体前叶分泌的性激素。性激素的激活唤醒了性意识。所谓性意识觉醒，是指个体意识到自己的性别、两性之间的关系以及对待两性的态度和行为规范。

1. 性心理的发展阶段

一般而言，一岁半到四岁的时候，人就能从外部特征分辨周围人的性别，但却认为性别是可逆的，学龄前儿童已懂得男女性别是不可逆的。但在第二性征未发育前，孩子都处于性无知期，虽知道男女有别，但仍旧两小无猜。性心理的发展是伴随着第二性征的出现，性意识的觉醒而发展的，大约经历了四个阶段：

（1）异性疏远期。青少年在第二性征出现后的1～2年内，朦胧地意识到两性差别，开始有了不安和羞涩的心理，很怕异性注意自己的变化，于是男女彼此疏远，即使是青梅竹马的童年伙伴也较少交往。有的孩子在家里还不由自主地疏远异性长辈。与此同时，也开始了对性的好奇心和求知欲，很想知道被成人世界掩饰的秘密到底是什么。

（2）异性吸引期。对异性产生好感与爱慕，一般发生在女孩12～13岁，男孩13～14岁以后。这时的少男少女开始好表现自己，男孩乐于在女孩面前展示自己的能力与才华，以赢得女孩的好感与赞许；女孩开始注意修饰打扮，以引起男孩的注意和喜欢。男女相互接近的渴望使他们乐于参加与异性在一起的集体活动，喜欢结伴外出郊游、唱歌、跳舞或参加体育活动等，并对异性表示关心、体贴，乐于帮助异性同学，以博得异性的好感。但是，少男少女毕竟还不懂得应当怎样与异性相处，接触和交往多半没有专一性和排他性。

(3) 异性向往期。15～16岁之后的青少年向成人过渡加快，在对异性产生好感的基础上各自形成一个或几个异性的"理想模型"，并在众多的男女生交往中，逐渐由对群体异性的好感转向对个别异性的依恋，有的还形成一对一的"专情"行动，萌生恋情。

(4) 择偶尝试期。高中毕业进入大学的青少年，对异性的爱慕和向往有了比较严肃的选择和排他性，自然而然地进入了恋爱择偶尝试期。男女双方从内心深处都感到异性存在的美好，并渴望用各种方式接近异性，引起特定异性的注意与好感。大学生追求爱情、渴望恋爱是在性生理成熟的基础上的性心理需要，性生理成熟是性心理发展的基础。

2. 大学生常见的性心理困惑

大学性心理的发展主要表现为对性知识的渴求，在感情方面渴望与异性同学交往以及通过性幻想、性梦、性自慰和恋爱获得性经验，初步形成性观念、性道德。但由于青春期的男女缺乏必要的性知识，加上依然存在着"谈性色变"的保守观念的影响，大学生对待自身的性心理的发展常常会有两种表现：一种是性压抑，强迫自己否认和回避自己的性要求，长期处于紧张、焦虑和自责的状态；一种是性释放，通过一些性行为达到性生理和性心理的满足。常表现出的行为如：性自慰、性变态(性心理障碍)、边缘性行为(如拥抱、接吻、抚摩等)以及婚前性行为等。大学生的性行为主要以性自慰为主。

(1) 性自慰行为：性冲动的缓解

青春期性自慰是指无异性参与时自我进行的满足性欲的行为，也是性冲动的自我缓解办法。它一般有性幻想、性梦和手淫三种形式。

① 性幻想：与异性交往的"白日梦"。它是指人在清醒状态下对不能实现的与性有关的事件的想象，是自编自导的带有性色彩的"连续故事"，也称做白日梦。处于青春期的大学生，对异性的爱慕和渴望会很强烈，但又不能与所爱慕的异性发生性行为以满足自己的欲望，这样就会把曾经在电影、电视、杂志、书籍中看到过的情爱镜头及片断，经过重新组合，在头脑中虚构出自己与爱慕的异性在一起约会、接吻、拥抱、性交的情景；还有的会把想象中的情景用文字写出来，以达到自我安慰。性幻想可以导致生理上的性兴奋，偶尔也出现性高潮，男性有时还伴随手淫出现。性幻想在人睡前及睡醒后卧床的那一段时间，以及闲暇时较多出现。尽管这种性幻想的出现是正常的、自然的，但如果过分沉溺其中，可能会成为一种性异常现象，给身心带来不良后果。

② 性梦:梦中的性行为。它是指在睡梦中与异性发生性行为,达到性满足的现象。这也是青春期性成熟后出现的正常的心理、生理现象。据国外资料报道,性梦的发生率男性多于女性;男性多发于青春期,女性多发于青春后期。一般来说,男性的性梦常伴有射精,即梦遗。对于成熟而未婚的男性来说,性梦是缓解性欲冲动的途径之一,一般多则每周一次,少则每半月或每月一次。研究发现,性梦的发生主要与精囊中精液的积蓄量有关,也与睡前身体上的刺激、心理上的兴奋和情绪上的激发有关。女性的性梦与男性相比有较大的差异,未婚女性很难有清晰的性梦。有过性梦体验的大学生,不必为自己的经历而焦虑和羞怯,应顺其自然,同时要把主要精力放在学习和工作上,避免过多地接受各种性信息的刺激和干扰。

③ 手淫:刺激生殖器的快感。它是指用手或工具刺激生殖器而获得快感的一种自慰行为,青春期男、女均可发生,以男性更多见。对男性来说,它伴随着精液排出;对女性来说,它呈现性"缓解"。手淫是青少年和未婚成人的普遍现象,在已婚及老年人中也存在。从生理学角度来看,手淫是一种自然的性生活方式;从心理学角度看,它是一种自慰的心理行为。国外有关调查表明,93%～96%的健康男性、60%的健康女性有手淫行为。对青春期男女来说,手淫虽不是完美的性满足方式,但却无害于他人,是一种自我心理慰藉,在一定程度上能宣泄能量、缓解性紧张、保持身心平衡、避免性犯罪和不轨行为,因此,适当的、有节制的手淫是无害的。但是,过多地沉溺于手淫也有不利影响,因为它所带来的性满足是个体独自完成的,与异性情感关联较少,会使生理器官的冲动与心理情感的活动脱节,不利于以后婚姻生活中夫妻性行为的适应,而且易造成男性尿道感染和女性月经失调、盆腔炎等,所以也不宜提倡。总之,手淫这种性自慰行为利弊各有,不属于道德败坏,人们应该正确对待它。

(2) 性心理障碍:偏离常态的性行为

进入青春后期和青年期,有些青年会出现性心理扭曲现象,严重的还会形成性心理障碍(俗称性变态)。性心理障碍是指不符合一般常规的性心理和性行为现象,表现为性爱对象、性身份、性目的或性欲满足方式异常,一般以男性为常见。有些性变态仅仅是脱离常规,并不造成伤害;有些则可能造成伤害,影响社会的安定团结。

① 性指向障碍:恋爱对象偏差。正常的性欲对象是能够接受社会道德和法律规范约束的成熟异性。而性心理障碍者的性欲对象则与正常人异常,如恋尸、恋物、恋兽、恋同性等,还有的性欲对象是儿童或老年人。

同性恋问题近年来在社会上的争议越来越多。同性恋大致可分三种类型:真性同性恋,也称素质性同性恋。真性同性恋者的身心素质上与普通人相比有极大的不同,大多具有较多的异性特征。他们的性活动不仅仅是感情之间的相互吸引和依恋，还包括肉体上的性行为。假性同性恋，也称境遇性同性恋，通常指由于长期生活在与异性隔离的生活环境，如军营、海轮、监狱等地方，由于没有合适的异性伙伴而把同性作为满足自己性欲的对象。一旦生活情境改变，他们就会改变自己的情欲对象，与异性相恋。精神性同性恋，也称同性爱慕。这种同性恋只表现在个人精神上，是把对同性的欲望存于心底或幻想、梦想之中。同性恋者男女都有，据统计在男性中占 3%，在女性中占 1%。随着社会的文明进步，对同性恋也应该表示理解和宽容，不应视同性恋为“怪物”而歧视他（她）们，也不能仅根据性取向的特殊，就否定一个人的整个人格和全部价值。我国同性恋研究专家李银河就认为："同性恋是一种属于人类中的一小部分人的自然和正常的性取向。"同性恋对异性恋就如同左利手对右利手一样，是人的自然现象，任何人无权歧视。对同性恋的接纳与宽容是一个文明健康的社会的标志之一。

② 性偏好障碍：自身偏好扭曲。性偏好障碍者的性心理和性行为常带有儿童性活动的特点，即以幼年的方式求得性满足。它的常见表现有异装癖、露阴癖、窥阴癖，还有施虐癖与受虐癖。

异装癖又称异性装扮癖，是以穿戴异性服饰来激起性兴奋、获得性满足的一种变态心理。露阴癖指在不适当的情况下通过裸露自己的生殖器或全部身体而引起异性紧张性情绪反应，从而使自己获得性满足的一种性心理障碍。窥阴癖指由窥视异性的裸体和他人的性活动而获得性兴奋和性满足。这三种性心理障碍者多以男性为主。施虐癖与受虐癖是指通过折磨异性或配偶的肉体和精神，或接受对方的折磨来满足性欲的一种心理异常。施虐癖大都是男性，受虐者以女性为多。严重的施虐行为会构成暴力犯罪。

③ 性身份障碍：易性癖。从心理上否定自己的生理性别和服饰，强烈希望转换成异性，即易性癖，又称异性认同症、异性转换症和性别转换症。

易性癖者大多在幼年时就出现朦胧地否定自己生理性别的倾向，表现在对服装、玩具、游戏的选择偏好上。到青春期后，有些人对自己的第二性征发育严重反感和厌恶，出现强烈的变性愿望。其中有些人有严重的性压抑心理，严重者可产生自杀心理倾向。

性心理扭曲和障碍的产生与遗传基因和性激素有关，也与个人的认知、社会环境、教育等因素有关，其中，家庭教养方式和社会环境起着重要作用。儿童性角色观念的形成，性心理的成熟，首先是向父母学习、模仿的过程。父母对性知识的无知及教育行为的不当都会给孩子的性心理造成伤害，为日后的性心理变态埋下恶种。社会环境的影响主要在于：色情文化泛滥，特别是淫秽书刊和黄色录像，诱使一些青年形成性越轨和性变态；网络技术普及，导致色情文化更隐秘更便捷地侵蚀、扭曲青年的心理和灵魂；成人的性侵犯，使受害儿童在成年后可能发展为性变态者;性挫折、性压抑和家庭婚恋中的不幸遭遇也是形成变态心理的重要因素之一。

性心理障碍者的性心理和性行为尽管偏离了正常的轨道,但不属于道德败坏,对此应有正确的认识。但是,性心理障碍给个人和社会带来的损害都是很严重的,因此应该接受矫治。

(3) 边缘性行为

边缘性行为一般是指男女之间的拥抱、接吻、相互抚摸、游戏性接触等性交以外的性行为。一般的看法可能低估了边缘性行为对大学生构成的心理困扰。总体来说,边缘性行为引起心理困扰的原因在于:第一,在缺乏心理准备的情况下发生此类行为,容易产生自责与罪恶感;第二,在双方感情缺乏深入发展的情况下发生此类行为,感到勉强、不真实,容易产生耻辱感和不洁感;第三,觉得发生在恋爱阶段的这类行为不够高尚,进而对恋爱成功和相互关系产生怀疑。

(4) 婚前性行为

婚前性行为是一个较为宽泛的概念。这里所说的婚前性行为特指男女双方在恋爱期间发生的性交行为。其特点是双方自愿进行,不存在暴力逼迫;没有法律保证,不存在夫妻之间应有的义务和责任;容易产生一些纠纷和严重后果。

大学生婚前性行为的发生比例是多少?各种研究差异很大,也很难说哪一个是准确的,哪一个就是不准确的。一方面是因为性的隐晦性,调查结果很难反映真实情况;另一方面也是由于地域间的差别较大。一般来说,传统文化氛围浓厚的地区,如河南、山东等,婚前性行为的发生率相对较低;而城市化程度高或观念开放的地区,如广东、上海,婚前性行为发生率较高。

大学生婚前性行为主要有三个特点:一是突发性,往往是情不自禁,在无心理准备的情况下突然发生;二是自愿性,大学生发生性行为较少受人胁迫,大多是在自愿但非理性的情况下发生;三是反复性,由于性成熟的大学生都面临着巨大的性压力,因此一旦冲破这一底线,便一发不可收拾,还会反复发生。

大学生发生婚前性行为的原因很多,一般来说有下面几种:崇尚性自由观念,追求享乐;自制力不强,不能克制自己的性冲动或不忍拒绝对方的要求;作为稳固和升级"爱情"的手段,急于促成、占有或显示对爱情的忠诚;对性的好奇和探究心理;满足个人私欲和虚荣心;逃避社会压力;避免孤独;用性报答对方;利用性报复社会。然而,不管因为什么原因发生婚前性行为,都容易对当事人造成伤害。

虽然婚前(外)性行为并不等于心理不健康,但是由此而导致的价值观念冲突、内心矛盾、家庭和社会问题却可以诱发和加重性和心理健康问题。当然,婚前性行为本身就表明当事人存在着性伦理道德观、自制力等方面的问题。另外,婚前性行为还会为性病传播提供条件。2000 年的统计数字表明,我国有超过 100 万艾滋病感染者,其中58%是20～29岁的年轻人。其他的性传播疾病发展更为迅速。美国的研究表明,每出现一个艾滋病病例,相对就有300例其他性病病例出现,其中2/3是25岁以下的年轻人。在中国,这样的比例还没有一个明确的官方说法。但是各种性传播疾病无疑会给主体,给周围的亲友,以至于社会构成巨大的心理压力,诱发和加重一些人的性和心理健康问题。

3. 大学生性心理健康的标准

所谓性心理健康是指:① 个体具有正常的性欲,能够正确认识和理解与性有关问题;② 具有比较强的性适应能力,能正确处理与异性交往中产生的问题,使自身免受性问题困扰;③ 提高自身的修养和文明程度,促进自身身心的健康发展。

大学生性心理健康应符合以下要求:① 能正确认识和接纳自己的性别;② 能有正常的性欲望;③ 与同龄人的性心理发展水平相当;④ 具有较强的性适应能力;⑤ 能与异性保持和谐的人际关系。

二、大学生的恋爱心理

(一) 大学生的恋爱动机

如今的大学校园里恋爱已成了一个热门话题,部分大学生甚至把恋爱列为大学必修课之一,谈恋爱的原因也是各种各样的;不同类型的大学生由于其所处的地理位置、人文环境不同,恋爱动机也各具特色,呈现多样性,其中最具代表性的有:

1. 空虚寂寞,为了寻求慰藉

许多大学生远离家乡、父母、朋友,又不能很快适应大学生活以及当地文化习俗,因而常常有被抛弃、被遗忘的感觉,在节假日里这种感觉尤为明显,孤寂之感随时袭来。加上大学业余生活较为单调,人际关系复杂使得处于青春期特殊阶段的大学生常有一种莫名的惆怅和孤独感。当无法从周围获得这种心理需求的满足时,就谈恋爱,借助爱情来补偿心中的空虚寂寞,或摆脱人际孤独,或用此来代替父母的关爱。如有的大学生认为:“大学生活中,人际交往、学习考试等使他们压力重重,而谈恋爱可以建立一种比较亲密的关系,可以充实生活,缓解紧张,转移注意力,摆脱孤独,寻得一份感情寄托。”

2. 模仿他人、赶潮流,为了寻求心理平衡

这与从众心理有关,爱如潮水,在一个群体中(如同宿舍、同班),如果大部分人都在谈恋爱,这会给那些因种种原因而未涉足者形成压力,会带给他们一定的影响。处于青年期的大学生,往往缺乏充分的自我肯定,看到别人成双成对,心中往往会产生一种不平衡感,认为自己不谈就会吃亏,自己独身一人就是落单了,大家都是一个样,你有我也应该有,于是急匆匆地随波逐流。同时剩余的人还会认为自己不谈恋爱是因为自己对异性缺乏吸引力，如果不谈会被人瞧不起，被视为无能者，甚至有人会为自己没有恋人而自卑，因而为了寻求心理平衡，满足自己的虚荣心，跟随大众潮流，就慌忙把自己抛入潮水中。如有的大学生说："同宿舍的谈恋爱，课余有人陪，周末可以一起玩，自己孤零零的，真有点不是滋味。再说，都是大学生，我并不比她们少什么，她们能找到，我为什么不能找一个呢。"

3. 害怕失去机缘，为了把握住机会

这种杞人忧天的心理主要缘于大学生的年龄在毕业后相对来讲偏大了一些，故有些大学生特别是部分女大学生，担心自己步入社会后已是属于"大龄青年"，会成为被爱情遗忘的角色，因而把校园作为爱情最后的殿堂，在大学里加紧步伐，抓住机会加入恋爱洪流；还有人认为大学里人才济济，大家经历类似、交往单纯、机会较多、选择范围大，并且有较长时间互相了解，找一个称心如意的伴侣相对容易，而到了社会上则交往复杂，功利性强，不易找到志同道合的伴侣，所以需要把握住大学恋爱的好时机。

4. 渴望了解异性，为了满足好奇心

这正是大学生恋爱的生理因素的表现，同时也由于大学生正处在喜欢探寻自我与世界的阶段，而未知的事物总是那么的神秘与充满诱惑，这对于没有恋爱经历的他们来讲，具有很强的吸引力。加上许多爱情故事、诗歌的影响，不少大学生对爱情充满了向往和好奇，渴望亲身体验，所以当机会来到时，即使可能不爱对方，也会去尝试，以满足自己的需要与好奇心。

5. 出于对毕业后的考虑，为自己找出路

近年来，一向被认为是"象牙塔"的大学校园也受到社会上一些功利思想的影响，不少大学生的恋爱动机也不免沾染上这种思想。他们把恋爱作为达到自己某种目的的途径，刻意与那些家庭经济状况好的、社会地位高的、有海外关系的学生或校外的人谈恋爱；谁能为自己将来找个好的单位就与谁谈；谁能为自己吃、喝、玩、穿提供优惠条件就主动找谁谈恋爱。

6. 满足自己的欲望，寻求刺激，为了获得经验

有少数大学生把谈恋爱作为一种时尚，一种感情消费，觉得大学阶段不谈朋友太亏待自己，认为谈恋爱追求的是一种感官刺激，可以满足与异性交往的欲望，更有甚者认为在大学里谈恋爱可以为以后的恋爱获得经验，并由此发生婚前性行为，把玩弄异性作为一种乐趣，把大学作为自己的一个驿站，通过谈恋爱，从异性朋友身上实现自己的人生享乐。

7. 因为爱情价更高，为了爱而爱

部分大学生在男女长期共同学习、生活交往过程中，相互吸引，彼此了解，通过双方的选择，以情感为基础，由相知到相爱，由友谊发展到恋爱。这种动机促成的恋爱双方在恋爱中注重心灵的沟通，把和谐的精神生活和共同的事业成功作为目标，以婚姻关系为恋爱目的。

8. 没有特别的原因，觉得理所当然

相当数量的大学生认为是一见钟情，两个人一下子就产生了“感觉”，没有理由，没有原因。这当中有“一见钟情”的生理基础——大学生发育基本成熟，也由于其所接触的古今中外艺术经典所熏陶的文化背景中不乏“一见钟情”的故事。在这类大学生心目中本身有一幅理想爱人的形象，一旦现实生活中有一个与之符合，那么他(她)就会采取行动。同时大学文化氛围中带有较多理想主义色彩，“一见钟情”正体现了大学生对浪漫主义的追求，而且这与大学文化氛围恰好相符。因此有许多大学生在这种情况下，就将自己抛入了恋爱大潮中。

(二) 大学生恋爱中常见的心理问题及行为偏差

美丽的爱情是每个人都向往的，“恋爱中的男人最潇洒，恋爱中的女人最漂亮”。一段迷人的爱情能提高双方的自信心，甚至彻底改变一个人。有人恋爱了以后，比较喜欢打扮自己了，性格也温和了不少，原来懒惰和尖刻的毛病都没有了，就像脱胎换骨一样。但并不是所有的爱情都是这样的，恋爱动机的不同，也会使大学生在恋爱过程中陷入种种困扰，难以自拔。

1. 单恋与爱情错觉

单恋是一方的倾慕情感苦于不被对方知晓和接受而造成的一厢情愿或对恋爱的渴望，俗称单相思。它仅仅停留在个体单方面爱恋而无法发展成双方相恋的状态。是一种深沉而无望的爱情，充满了毁灭性的激情和疯狂，在幻觉中自愿奉献一切，具有痴迷而深刻的悲哀。爱情错觉则是指在异性间的接触往来关系中，一方错误地认为对方对自己“有意”，或者把双方正常的交往和友谊误认为是爱情的来临。爱情错觉是单相思的另一种形式，它常会使当事人想入非非，自作多情。

青年学生心理尚未完全成熟，单恋现象比较常见，且较多地出现在性格内向、敏感、富于幻想、自卑感强者身上。首先是自己爱上了对方，于是也希望得到对方的爱，在这种具有弥散作用的心理支配下，就会把对方的亲切和蔼、热情大方当作是爱的表示，并坚信不疑，从而陷入单恋的深渊，不能自拔。

深刻的单相思是一种难以矫正的心理障碍，会使人一度丧失自尊，不顾人格尊严地乞求于所恋对象，严重影响人的知觉判断和理性选择，同时也干扰了所恋对象的学习和生活，有时会走向极端，以伤人的方式终结单恋。

单恋形成的原因很复杂，主要与单恋者的幻想特质、信念误差和认知念头等有密切的关系。

(1) 幻想因素。人的幻想特质与先天气质类型和后天的心理发展过程有密切关系。一个从没有被人爱过、敏感、内心体验丰富的人，就难以爱上别人，即使爱上别人也羞于向人承认，也不敢奢望被爱。但是，人人都有爱和被爱的渴望，如果对爱的需要的满足受阻，往往转向自己，回到内心，自编自导一个玫瑰色的梦，并在梦中满足自己对爱和被爱的渴求。当他们进入青春期，开始真正的异性交往时，就很难适应正常的恋爱，于是只好退回到过去那种满足方式上，以儿童的反应把爱的渴望当成现实的异性之爱，以丰富的想象力在幻想中得到异性爱的满足。

(2) 信念误区。单恋者往往信守"伟大的爱充满艰辛和痛苦，它往往是得不到回报的"的信念，于是在得不到对方的爱时，就在单恋中自我暗示：爱不仅仅是为了爱，不要承诺，不要回报，认为这种不顾一切的爱才是最伟大的爱。

(3) 认知偏差。单恋者往往由于对于倾慕对象一往情深，希望得到对方的动机十分强烈。在这种心理的支配下，往往会把对方的言行举止纳入自己的主观需要的想象中，造成对他人的认知偏差。另外，有的单恋者不能正确地对待被拒绝的事实，认为如果承认事实，就是承认自己配不上对方。因此，为了自尊和面子，就强迫自己坚持求爱到底。

单恋者固然会体验到一种深刻的快乐，但更多会体验到痛苦，因为他们无法正常地向自己所钟爱的异性倾诉柔情，更不能感受到对方爱意的温馨。单相思的痛苦不仅仅为情，真正让自己痛苦的是对自我的否定，比如，我怎么就那么笨啊，我怎么就没有争取到啊，我是不是很差啊。

2. 自恋

自恋是指一个人只是在自我刺激或自我兴奋中寻求快感，而不需要旁人在场，同时他的性指向是他自己。善于自恋有一个古老的传说：美少年厄索斯美丽得无与伦比，他爱上了自己水中的倒影，每天顾影自怜，于是跳入水中，死后变成了水仙花。

自恋现象在婴儿时期便已存在。开始只是一种身体的自慰快感，并没有性恋的成分存在。但是随着生理的成熟，性刺激的不断出现，自恋便成为一种生理和心理的需要。一般来说，自恋的过程一旦进入成年期，便完成了由自恋向他恋的转移。但也有成年后仍未摆脱自恋或不能完全摆脱自恋的，这种情况因人而异。人格成熟的人会使自恋升华为他恋，成为一种精神追求，将注意力转移到有益于社会的活动中去，而人格幼稚的人会使自恋保持下去，甚至不断地加以自我强化，使自己成为孤独的自恋"公主"或"王子"。自恋是人格幼稚、害怕现实生活的一种内化反应，是一种情感生活适应障碍。

其实，我们每一个人，都会有或多或少的自恋倾向——小到对一枚指甲的专心修饰，大到爱自己而不能与另外的人相爱。现在的网络生活中，多有自称帅的一塌糊涂、酷的想自杀、美丽的笨女人等人物。人人都应该爱自己，但是爱得过了火，就危险了。过分自恋，其实与自私无异。凡事看到的都是自己，渐渐整个世界也都变成了自己一个人的了。

3. 多角恋

所谓多角恋是一个人同时被两个或两个以上的异性所追求或自己同时追求两个或两个以上的异性并建立了爱情关系。

多角恋是爱情纠纷的主要原因之一，实质上是比单恋更为复杂、更为严重的异常现象。由于性爱具有排他性、冲动性，因此任何一种多角恋都潜伏着极大的危险性，一旦理智失控，就会给对方及社会带来恶果。

导致多角恋的原因主要有以下几个方面：

(1) 择偶标准不明确。由于个性不成熟，生活经验不足，择偶前没有一个较为明确的标准，不知如何才能断定与自己关系密切的异性中的哪一位与自己更合适，因此只好颇费心思地多方应付，多头追逐，从而出现了选择性多角恋。

(2) 择偶动机不良。有的人从一开始和异性交往就出现了动机冲突，一会认为张三英俊、潇洒，一会又觉得李四深沉、稳重；今天认为王某开朗、可爱，明天又觉得赵某妩媚、艳丽，各人的长处都想兼得。为了满足不同的欲求，只好在不同角色中周旋以寻求快乐，有的甚至发展到玩弄异性的程度。

(3) 虚荣心强。总以为追求者越多，身份就越高；若退出竞争，就是承认失败，承认自己比别人差，这是导致恋爱上的自私自利、对别人和自己感情不负责任的多角恋的主要原因。

(4) 盲目崇拜。明知对方已有对象，但由于盲目崇拜，加上嫉妒好强，固执任性，从而导致冲动性、竞争性的多角恋。

4. 失恋

失恋是指一方否认或终止恋爱关系后给另一方造成的一种严重的心理挫折。恋爱失败和失恋是两个不同的概念。前者指恋爱关系的否定，它表现为两种形式，一是恋爱双方都不满意，彼此同意分手；二是恋爱的一方已无情意而提出与对方分手，而另一方却仍情意绵绵，沉湎于对恋情的怀念之中。失恋是指恋爱失败的第二种。从心理角度来看，失恋可以说是大学生最严重的挫折之一，会引起一系列的心理反应，如难堪、羞辱、失落、悲伤、孤独、虚无、绝望和报复等。这些不良情绪如果得不到及时的排出转移，容易导致失恋者忧郁、自卑的情怀，严重者甚至采取报复乃至自杀等方式来排解心中的疲结。

失恋者的心理表现有以下三种：

(1) 自卑心理。感到羞愧难言，陷入自卑、心灰意冷之中，有的人甚至因此而走上绝路。其实，失恋是恋爱生活中的正常现象，并不是一种错误。因此，不存在什么失面子的问题。

(2) 报复心理。有的失恋者失去理智,产生报复心理,结果可能造成毁灭性的结局。特别是由于一方不道德而导致失恋,更容易出现报复心理。其实如果对方人格低下,你应该为分手而庆幸,切不可降低自己的人格,以图一时的泄愤。

(3) 渺茫心理。有的人把恋爱看得至高无上,一旦失恋了,事业、前途也不顾了。迷茫、焦虑,不但于事无补,反而可能使失恋者在恋爱问题上更草率。

失恋的痛苦是可以理解的,一个心理健康的大学生应积极地面对失恋,尽快摆脱失恋带来的精神痛苦。

三、大学生爱的能力的培养

大学生恋爱不仅是一种需要、一种时尚,也不仅是一种经历,它更是一门艺术,是一种能力。要想真正体验到恋爱的幸福,首先要学会去爱,要具有爱的能力。机会是留给有准备的人的,恋爱的成功是留给那些具有恋爱基本能力和素养的人的。

1. 表达爱的能力

在恋爱阶段,除了"恋"和"爱"这两个阶段外,在它们前面都还有一个"谈"的阶段。"谈"的水平和质量直接影响着是否还有后面两个阶段。"爱你在心口难开"正是对这个谈的阶段遇到的问题的一个形象说明。当你有了心仪或喜欢的对象,你怎样向对方表达能够提高成功的可能性,或者你采用哪种方式才能避免遭到拒绝后的尴尬和难受,这都是需要艺术和能力的。

马克思曾说过:真正的爱情是表现在恋人对他的偶像采取含蓄、谦恭甚至羞涩的态度,而绝不是表现随意流露热情和过早的亲昵。21 世纪的大学生在表达自己的爱慕之情时从形式到内容都和以前有很大的不同:从轰轰烈烈地买 999 朵玫瑰到女生寝室楼下等待,到电台点歌,再到同学聚会时突然单膝跪下表白;也有含蓄地邀约一起看电影,一起野餐、露营;也有的寻找合适的时机发短信、写情书或当面表达;还有的同学因为怕遭到拒绝,自己没有办法承受或觉得会失去面子,就会选择先用开玩笑的形式试探试探再决定下一步怎么做;也有的会选择在愚人节的时候去表白,如果遭到拒绝时就会说反正是愚人节,我也是闹着玩的。

在过去,恋爱双方中一般都是男性主动追求,女孩是比较被动的,即使有喜欢的人也不敢轻易表达。但随着社会的进步,现在的女生也越来越主动,有了爱就勇敢表达,即使表达后遭到拒绝,也总比带着困惑不敢表达,等到以后偶然说起,才知道对方也钟情于自己,也是因为不敢表达而深藏心中,从而错过一段美丽的姻缘而遗憾要好。

2. 接受爱的能力

被人爱是一种幸福,被一个合适的人爱是一笔财富。当幸福来临的时候,有的人不善于捕捉和把握，等幸福溜走的时候才暗自叹息。当面对着追求者的表白，该不该接受，该怎样接受也是一种能力。

首先在准备接受一段感情之前，要考虑清楚自己是否真的也同样喜欢对方，是否有足够的心理准备开始一段恋情，开始一种新的生活方式。这样做的前提是要识别对方对自己的感情是发自内心还是逢场作戏，只有真挚的感情才应该接受，否则自己会受到伤害。

其次，当向你表白的那个人正好也是你心仪的对象时，除了应有的矜持和礼貌外，应该非常愉悦地接受对方的追求，不要心里已经完全接受，可行动上却躲躲闪闪，或为了考验对方，而故意多次拒绝。这样很有可能将对方推到其他人的身边。当你还没有完全下定决心是否要接受这个人，在感情还不确定的时候，不要草率接受，可以告诉对方可以先交往一段时间，增进了解后再确定双方的关系。这样给双方一段时间和空间，也是对双方感情负责任的一种表现。

接受对方的感情用什么方式，那要看对方是用什么方式表白的，如果对方送花，你接受了花也就是接受了对方的感情，如果请你吃饭你也参加，那也表明了你接受了对方。对此，男生和女生有比较大的差异。男生认为对方接受自己的礼物或邀请就是接受自己的追求，而女生则因为比较善良，不好意思直接拒绝对方的礼物或邀请，甚至说普通朋友之间也可以的。殊不知这种对同一行为的不同理解，最后会导致比较大的误会，而失去朋友。

3. 拒绝爱的能力

被一个人爱是一种幸福，被两个人爱就是一种痛苦，因为你必须拒绝一个人的爱。爱一个人是没有错的，只是在对的时间遇到了错的人或在错的时间遇到了对的人。生活中拒绝别人还可能是因为觉得对方不适合自己。但无论哪种情况，在拒绝一个人之前，都应该对对方心存感激。因为一个人爱你、喜欢你总比一个人恨你好吧。你可以拒绝他(她)的这份感情，但不要拒绝这个人。

拒绝一个人时，首先是不要伤害对方的自尊。应该感谢对方对你的这份感情，而不是仗着对方喜欢自己就百般刁难，说话尖酸刻薄，比如："你也不看看你什么样子，居然喜欢我；全世界的男人(女人)都死光了，我也不会选你；我就是不喜欢你这类型的……"更不要为了炫耀而当着其他人的面拒绝对方，这样会因为有其他人在场而让对方觉得很没面子，增加挫折感和后悔心理。切忌在拒绝了对方以后还在背后到处说，渲染他有多么多么喜欢自己，自己是怎么残酷和坚决地拒绝了他的。总之，在拒绝一个人的时候要想到不要故意伤害对方的自尊和感情。

另外，拒绝一个人时应该委婉，尽量肯定对方的优点和长处，真诚地给对方讲明自己不能接受这份感情的理由。也可以适当地贬低自己，来表明自己有很多的不足，并不值得对方付出，并真诚地祝福对方找到更适合他的另一半。如果当面不能说出这些话，通过发短信和写信的方式也能比较好地表达自己的意思。这种书面的方式也可以将受伤的感觉降到最低。

4. 承受恋爱受挫的能力

在恋爱的过程中可能因为遭到对方拒绝而让恋爱受挫，也可能在恋爱过程中因为对方的退出而遭受失恋。恋爱受挫是大学生遭遇的比较大的挫折了，如果处理不当的话可能会导致失恋应激障碍，严重的还会影响到当事人以后的两性关系。

面对失恋，主动失恋者(提出分手或拒绝别人的一方)和被动失恋者的主观感受和痛苦程度是完全不同的。因为主动失恋者是有心理准备的，所以接受起来比较容易，但如果投入了真感情，人都会花很长一段时间(一般是三到六个月)才会真正走出来。被动失恋者因为心理准备不够或毫无心理准备，在接受失恋这个事实时会比较困难，甚至会采用否认(他怎么可以和我分手呢？不可能的，我们不可能分手的)来缓解内心的焦虑。但无论怎样，如果失恋成了既定的事实，早晚都是要面对的，这时候应该想办法缩短这个痛苦的时期，尽快恢复正常的生活。

(1) 冷静分析失恋的原因。冷静分析一下失恋原因，可以帮助摆脱“恋”的苦恼。

(2) 及时疏导心中的郁闷。人的理智可以战胜感情，失恋者可以采用疏泄法，即找亲人或知心好友倾诉你心中的烦恼；也可奋笔疾书；甚至可以关门痛哭一场，这样有助于消除失恋带来的心理压力，及时恢复心理平衡。当然，疏泄要有“度”，无休止地唠叨，反而沉溺于消极的情绪之中。也可以采用转移法，主动置身于欢乐、开阔的环境，或有意识地潜心于自己感兴趣的事情中，用新的乐趣来冲淡、抵消旧的郁闷。

遗忘也是一剂医治失恋的良方。有句名言，过去的就让它过去吧！人是有记忆的，然而记忆什么，回忆什么，却可以选择，有些失恋者喜欢回忆失恋前的欢快生活，结果越是回忆越痛苦。过去的欢乐就让它与痛苦一起遗忘吧！新的生活需要我们加紧跋涉。

(3) 努力把精力投入到事业、工作和学习中去。很多历史名人都曾经历过失恋的痛苦，他们可以作为积极转移失恋痛苦的楷模。德国大诗人歌德，24岁时回故乡当律师，邂逅了一个名叫夏绿蒂的少女，歌德一见钟情，热烈求爱，不料夏绿蒂已同歌德的朋友凯士特相爱。失恋的痛苦使歌德一时不知所措，但他很快离开了夏绿蒂，埋头于写作之中，结果《少年维特之烦恼》这部千古力作得以问世。

天涯何处无芳草，莫愁前路无知己。一扇幸福之门对你关闭的同时，另一扇幸福之门却在你面前敞开了。

5. 处理爱情与友情关系的能力

传统上将感情分为爱情、友情和亲情。很多大学生在恋爱之前经常和朋友一起交流和玩耍，感情非常要好，但恋爱以后，因为沉迷于二人世界渐渐疏远了和班上同学以及其他朋友的交往，变成恋爱双方都是“我的世界只有你”。

大学是树立人生观、价值观和世界观的重要时期，而与朋友的交流是树立三观重要的推动力量。因此恋爱中的双方也应该经常参加班上的各种集体活动，加强和同学的交流，更要经常与好朋友一起活动，以免变得生疏，所以恋爱双方都搬出寝室租房同居是非常不可取的。

6. 处理爱情与事业(学业)关系的能力

没有爱情的生活是不完美的，但只有爱情的生活是可怕的。很多大学生在恋爱过程中，满脑子都是恋人的影子，沉溺于二人世界的点点滴滴，不去上课，不做作业，也不参加任何社会实践，出现成绩亮红灯，表现遭黄牌的情况，耽误了学业，消磨了意志，等到醒悟过来已经晚了，找工作时要成绩没成绩、要表现没表现，几年大学读完以后不但没有长进，还丢掉了很多以前的朋友和好习惯。

所以，如何正确处理爱情和学业的关系对大学生来说就显得尤为重要。首先恋爱双方都应该明确：大学生也是学生，学生就应该以学为主。双方应该互相鼓励、互相监督，促进共同发展，而不是互相耽误、互相拖后腿。如果出现了成绩、表现等下滑的倾向就应该及时总结，互相帮助取得进步；如果还是没有改善，甚至可以考虑暂时分开一段时间。

7. 处理爱情与婚姻关系的能力

黑格尔曾深刻地指出：婚姻本质上是伦理关系。他认为爱情不是婚姻的唯一基础。他主张对婚姻作更精确的规定，如：婚姻是具有法的意义的伦理性的爱。这样就可以消除爱中一切倏忽即逝的、反复无常的和赤裸裸主观的因素。国内外大量的心理研究表明：已婚者在总体上比独身、寡居、分离或离婚者的幸福感水平更高，也高于不少年轻人推崇的同居。

虽然有人说婚姻是爱情的坟墓，但没有婚姻，爱情将死无葬身之地。所以，大学生的恋爱应以婚姻为取向，而不是只追求曾经拥有，不追求天长地久的游戏心态。我国已取消对大学生的入学年龄限制，对大学生在学习期间的恋爱、结婚也采取了更为宽容的态度。所以，大学期间的恋爱应该更理性和更成熟，这样爱情的最终才有归宿。

教学互动

★ 心中的白马王子(白雪公主)

爱是我们生命中的重要课题。无论你已经拥有了爱情，或是即将拥抱爱情，都需要对自己所选择爱人的条件进行认识。下面，请你用形容词、词组或句子的形式写出自己选择恋人的五条标准。

第一条：________________

第二条：________________

第三条：________________

第四条：________________

第五条：________________

★“寻找失恋的十大好处”

1. 因为我失恋了，所以我获得了……
2. 因为我失恋了，所以我获得了……
3. 因为我失恋了，所以我获得了……
4. 因为我失恋了，所以我获得了……
5. 因为我失恋了，所以我获得了……
6. 因为我失恋了，所以我获得了……
7. 因为我失恋了，所以我获得了……
8. 因为我失恋了，所以我获得了……
9. 因为我失恋了，所以我获得了……
10. 因为我失恋了，所以我获得了……

心理测试

★ 大学生恋爱观测试

指导语：这一个测验由12个问题组成，每个问题有四个备选答案，涉及你对此问题的感受和态度。请选择比较贴近自己真实想法的那个答案，并在此答案前的大写字母上打一个“√”。不管你选择的是哪个答案，都无所谓对或错，关键是你的选择要符合你自己的实际感受和实际情况。选出最符合你的心理状态的答案，然后核对评分方法计分。

1. 你想象中的爱情是：

A. 具有令人神往的浪漫色彩　B. 能满足自己的性欲

C. 使人振奋向上　D. 没想过

2. 你希望同你的恋人是这样认识的：

A. 在工作和学习中逐渐产生感情　B. 从小青梅竹马

C. 一见钟情　D. 随便

3. 你认为巩固爱情的最好途径是：

A. 满足对方的物质要求　B. 用性讨好对方

C. 对爱人言听计从　D. 努力使自己变得更完美

4. 你觉得两个人谈恋爱什么最重要：

A. 互相般配　B. 物质基础

C. 有共同的兴趣爱好　D. 是否真正喜欢对方

5. 在下列爱情格言中你最喜欢的是：

A. 生命诚可贵,爱情价更高

B. 爱情的意义在于帮助对方提高,同时也提高自己

C. 有福同享,有难同当

D. 为了爱,我什么都愿干

6. 你对恋爱中的意外是怎样看的：

A. 最好不要出现　B. 自认倒霉

C. 分手　D. 那是很正常的

7. 你对家庭的向往是：

A. 能同爱人天天在一起　B. 人生有了归宿

C. 能享受天伦之乐　D. 激励对生活的追求

8. 假如你还有一位异性朋友时,你会：

A. 告诉恋人,并在对方同意下继续同这位朋友交往

B. 让对方知道,但决不允许对方干涉交往

C. 不告诉对方,因为这是自己的权利

D. 可以告诉,也可以不告诉,要看恋人的气量和态度

9. 当有一位比恋人条件更好的异性对你有好感时,你会：

A. 讨好对方

B. 十分冷淡

C. 听之任之

D. 保持友谊,但在必要时向对方说明情况

10. 当你迟迟找不到理想的恋人时,你会：

A. 反省自己的择偶标准是否切合实际

B. 一如既往

C. 心灰意懒,对婚姻问题感到绝望

D. 随便找一个人算了

11. 当你所爱的人不爱你时,你会：

A. 冷静地同对方分手　B. 毁坏对方的名誉

C. 千方百计缠住对方　D. 不知所措

12. 当你和你爱的人因为外界原因不能在一起时你会：

A. 恨他一辈子　　B. 干脆随便找一个人结婚算了

C. 和他一起商量解决办法　　D. 不顾一切在一起

计分方法：

	1	2	3	4	5	6	7	8	9	10	11	12
A	2	3	1	1	2	1	2	3	0	3	3	0
B	0	2	1	0	3	2	1	2	2	1	0	0
C	3	1	3	2	2	0	1	1	1	0	1	2
D	0	1	2	3	1	3	3	1	3	1	1	1

结果解释：

如果你的得分在28分以上，说明你的恋爱观是正确的；在18～27分还可以；如果你的得分在18分以下就不够正确了，应该注意改进。

如果这12个问题中，有一半你不知怎么回答，则表示你的恋爱观还游移不定，那就需要及早确定或者去找专家。

自测后提醒或建议：此问卷仅作为了解自己使用，如有疑问，请咨询专业人员。

第十一章 走向职场

——择业心理训练

小蜗牛问妈妈：为什么我们从生下来，就要背负这个又硬又重的壳呢？

妈妈：因为我们的身体没有骨骼的支撑，只能爬，又爬不快。所以要这个壳的保护！

小蜗牛：毛虫姐姐没有骨头，也爬不快，为什么她却不用背这个又硬又重的壳呢？

妈妈：因为毛虫姐姐能变成蝴蝶，天空会保护她啊。

小蜗牛：可是蚯蚓弟弟也没骨头，也爬不快，也不会变成蝴蝶，他为什么不背这个又硬又重的壳呢？

妈妈：因为蚯蚓弟弟会钻土，大地会保护他啊。

小蜗牛哭了起来：我们好可怜，天空不保护，大地也不保护。

蜗牛妈妈安慰他：所以我们有壳啊！我们不靠天，也不靠地，我们靠自己。

职场是很残酷现实的，没有为哪个人量身定做的好职位等着你。“高不成低不就”是很多大学生在求职中做出的最错误的选择。没有确立良好就业心态是很多大学毕业生找不到工作的真正原因。没有良好的就业心态，就不能在择业前正确地分析自我，认识自我，也不能在择业的坐标中找到自己准确的位置；更不能在择业期间，适时地调整自己的行为，促进顺利就业。心理专家认为，大学生择业的过程，是一个复杂的心理变化过程。面对严峻的就业形势，面对众多的竞争对手，要想获得择业的成功，没有充分的心理准备，没有良好的竞技状态是不行的。轻者自信心会大受打击，严重者还会产生一些心理矛盾、心理问题，甚至心理障碍。

一、大学生择业前应有的心理准备

（一）准备转换角色

对于绝大多数学生来说，大学阶段过的是一种单纯而有保障的生活，学习、生活、交际、娱乐都有规律。在这样的环境里，容易萌发浪漫的情调和美好的理想，但这样的生活与现实社会存在一定的距离。在离别母校，步入社会之前，最重要的就业心理准备就是转变角色。

所谓转变角色，主要是指由一个天之骄子的大学生转变为一个现实的社会求职者，抛开浪漫，抛开幻想，认识自己所处的真实地位和严酷的社会现实，实事求是地面对就业这样一个现实问题。要想正确选择职业，就必须转变角色，不能把学校、家庭、亲友及同学所给予的关心、呵护、尊重当成是社会的最终认可，而要摆正自己的位置，客观、冷静地进入求职状态，认识社会，了解社会，以自身的实力，积极主动地去适应社会需要。在选择社会职业的同时，也接受社会的选择，正确地迈出人生最关键的一步。

（二）正确认识自我

择业过程是主体的条件与客观的要求相适应的过程。个人能否适应客观的社会要求，与主体的自我意识有关，即与个人对自我的认识、自我体验与自我意向等有关。所以大学生就业前要对自己有充分的了解。

（1）了解自己的气质、性格。个性是个体统一的心理面貌，是指人的心理活动中那些稳定的、具有个人特色的心理特征和心理倾向组合成有层次的动力整体结构。个性特征包括气质、性格、能力。由于个性特征左右着个体的行为表现，个体特征的职业适应倾向也是十分明显的。

（2）清楚自己有哪些兴趣、爱好。人们对职业的选择往往从自己的兴趣爱好出发，这就更需要认真分析自己的兴趣爱好。因为有的职业需要某种兴趣爱好，有的职业明确禁止和反对某种爱好。

（3）分析自己的能力、特长。因为有些工作与特定的能力相适应。能力包容的内容很多，主要有两个方面：一是思维能力。主要包括思维的独立性、抽象性、敏锐性、广阔性、批判性、创造性、灵活性等。二是工作能力。主要包括语言表达的能力，协作的能力，学习的能力，劳动的能力，专业的能力，发明创造的能力等等。

（4）根据自身生理特征择业。在求职择业时必须正确认识到自己的性别、年龄、身体健康状况、胖瘦、高矮，甚至面貌的丑俊等生理方面的因素。例如，体质较差者难以从事繁重体力劳动；面貌丑陋也不适合当服务员；有些工作，有性别要求等等。

以上四个方面是在求职择业前必须明确认识到的。

（三）正视现实，适应社会

不少同学在择业遇到挫折时，常抱怨现实、抱怨社会，如：抱怨某些人通过各种关系造成不公平竞争，抱怨社会提供的就业机会太少，抱怨国家就业制度改革的步子太慢，希望自己想选择到哪里就能选择在哪里等等。遇到挫折发发牢骚可以理解,如因此怨天尤人,萎靡不振,则不可取。某些人通过不正当关系参与就业的竞争,是现实的客观存在。虽令人气愤,但不是发发牢骚就能解决的问题,只能通过就业制度的不断完善来逐步解决,牢骚满腹对就业毫无益处。由于就业制度的改革涉及到劳动人事制度、户籍制度、招生制度的改革,关系到社会的方方面面,有一个探索发展和完善的过程,不可能一夜之间把所有的问题都解决,大学生就业也不可能做到随心所欲。“双向选择”不等于自由择业,国家还需要采取一定的措施进行调控,合理配置人才资源,这是国情所决定的。大学生应该理智地面对现实,在现实中求发展。

(四)敢于竞争,善于竞争

竞争是现代市场经济的显著特征。在职业生涯中,每个人面临的机会都是平等的,但机会又偏爱那些有准备的、有竞争心理的人。择业是双向选择,是“我择业,业择我”,对此,每个毕业生都不能消极坐等和依赖,而应大胆参与竞争,努力充实完善自己,提高自己的综合素质,不轻易放弃任何一个可以抓住的机会。

1. 敢于竞争

首先要有竞争的意识。作为时代骄子的大学生,应有青年人的朝气和锐气,有敢想敢干,勇于拼搏,敢为天下先的精神。敢于竞争,要靠真才实学,而不能纸上谈兵,夸夸其谈,更不能相互拆台或相互嫉妒。竞争应在互相学习、互相勉励、共同进步中进行。敢于竞争,还应注意不要轻易示弱和言败,不要自认为自身条件不如人而不敢与人竞争,“天生我材必有用”,世上没有弱者和失败者,只有胆怯和懦弱者。面对困难,大学生要有坚忍不拔、不屈不挠、勇往直前的战斗精神。

2. 善于竞争

要想在求职与择业中取得成功,仅仅敢于竞争还不够,还必须善于竞争。善于竞争体现在具备良好的心理素质、实力和良好的竞技状态。在求职与择业竞争中,应注意期望值是否恰当。期望过高会使心理压力加大,注意力难以集中,造成焦虑,影响正常发挥。在求职面试时情绪一定要轻松自如。在面试时,要克服情绪上的焦虑和波动。还要做到仪表端庄,举止得体,给人留下良好的第一印象;锻炼出较好的口才,表达清晰;合理利用有关规则等。

(五)正视挫折,战胜挫折

人们在求职择业中遇到挫折是正常的,遇到挫折不应消极退缩,要采取积极的态度,勇于向挫折挑战。正如罗曼罗兰所说:“挫折就像一把双刃剑,一方面割破了你的心,一方面掘出生命新的水源”。一个心理健康的人对人生总保持着自信心,遇到挫折后会放下心理包袱,仔细寻找失利的原因,调整好目标,脚踏实地地前进,争取新的机会。需要特别指出的是,有时候所谓的“挫折”,只是没有达到我们的理想,并不能算是失败。尤其在现在严酷的就业形势下,我们理想的职业竞争异常激烈。遇到这样的挫折,需要静下心来,冷静思索。俗话说:“条条蛇都咬人。”没有哪一种工作是没有困难和挫折的。如果面对挫折就畏缩不前,就很难找到令人满意的工作。

(六) 放眼未来,保持良好心态

在目前的情况下,尽管社会为大学生提供了“双向选择”的机会,但不可能每个大学生都能一次成功地选择到专业对口、环境优越、待遇高而又在大城市的工作单位。其实,基层是锻炼人的好地方。因为一个好的管理者必然是了解基层工作的人,只有熟悉单位各个方面具体运行情况及规律的人才能作出正确的决策。有长远眼光的人不会害怕在基层被埋没,而会把基层当成一个良好的起点。在中外众多的科学家们的成长过程中,我们常常可以看到他们职业的起点并非那么理想。富兰克林曾经是钉书工人,华罗庚初中毕业后便帮助家里料理小杂货铺,也曾在母校干过杂务。可见,较低的职业起点,并不贬低职业理想的价值。我们要从现实的生活之路起步,放眼未来,从长计议,做新时代的开拓者。

然而很多大学生面对就业时,由于对主、客观情况认识不清楚,常常矛盾重重,不知所终。

二、大学生择业中常见的心理矛盾及问题

(一) 大学生就业中常见的心理矛盾

心理矛盾也可理解为心理冲突,它是指两种或两种以上不同方向的动机、欲望、目标和反应同时出现,由于莫衷一是而引起的紧张心态。心理冲突是心理失衡的重要原因。心理矛盾并不奇怪,人的一生就是在矛盾心理中度过的,甚至可以说心理矛盾是促进心理发展的动力。但是过分强烈而持久的心理矛盾冲突对人的心理健康与活动效率会带来消极的影响。基层就业中的心理矛盾就属于这种情况。这类矛盾主要表现为:

1. 有远大理想,但不能正视现实

经过充实而丰富的大学生活,大学生知识的羽翼已渐丰满。面对汹涌的就业大潮,他们豪情满怀,准备搏击一番。然而,由于他们涉世尚浅,接触社会较少,理想往往脱离客观条件。如许多大学生都想成为大经理、大老板,想走商业巨子之路。但是,在择业中他们并未深入地思考自己的知识、能力、性格、爱好、气质是否适合从商。或者未慎重考虑所选择的单位是否有利于自己的发展,以致出现了理

想自我膨胀和现实自我萎缩之间的矛盾。

2. 想做一番事业，但缺乏艰苦创业的心理准备

在择业中，很多大学生都愿意从专业出发选择职业，准备干一番事业，实现自己的人生价值，不愿意庸庸碌碌，无所作为。但同时，他们又缺乏艰苦创业的心理准备，想走捷径，想涉足层次高、工作条件好的单位，想一举成名，一蹴而就。不愿到艰苦的地方去，不愿到西部地区、边远地区去，不愿深入基层。

3. 有较强的自我观念，但缺乏把握自我的能力

丰富的大学生活，使大学生的自我意识日趋完善。在择业中，他们意识到自己作为人才，将会为社会贡献自己的聪明才智。同时，他们也迫切需要社会的承认。但是，由于他们社会经验不足，自我意识还不完善，还不能正确地认识自我和评价自我。有时评价过高，产生洋洋自得、目无一切的心理；有时评价过低，产生自卑自贱、自艾自怨的心理，以致出现期望过高或过低的现象。

4. 鱼和熊掌不可兼得，难以决断

在择业过程中，往往会遇到多种选择的境遇。各种选择各有千秋，倘若犹豫不决，往往会坐失良机。例如，考公务员待遇稳定，但工资不高；经商收入丰厚，但不稳定；留在原籍人际关系较熟，但缺乏新鲜感和挑战性；去外地有新鲜感和挑战性，但又人地两生。这些都是大学生在求职择业中经常遇到的难以决断的问题。

大学生择业中的心理矛盾是发展中的心理现象，也是大学生心理发展趋向成熟的动力。但这些心理矛盾如果长期得不到解决，就会演变为心理问题甚至于心理障碍、心理疾病，严重影响大学生的身心健康，成为大学生就业的阻力。

（二）大学生择业常见的心理问题

心理问题是指一切心理不健康的现象和倾向，它是心理压力和心理承受力相互作用，使人失去了应有的心理平衡的结果。心理问题表现十分复杂，程度也有所不同。基层就业中常见的心理问题主要表现为：

1. 自负心理

很多大学生在就业过程中，自我评价过高，对就业条件要求苛刻。有这种心理的往往是自身条件较好的学生。所以，这类学生在就业的过程中，过于挑剔，考虑因素过多，忽略了自己未来的发展空间和发展潜力，反而错失了很多机会。这种心理如果能够被积极引导、正确对待，可以变成催人上进的动力。如果不能正确认识，任其发展，将会产生不良，甚至极端的后果。

2. 焦虑心理

焦虑是由心理冲突或挫折而引起的，是一种复杂情绪的反应。主要表现为恐惧、不安、忧虑及某些生理反应。毕业前夕，绝大多数大学生心理活动表现为焦虑。

使他们焦虑的问题主要是:能否找到一个适合自己专业特长、工作环境优越的单位,自己的理想能否实现;用人单位能否选中自己等。要克服焦虑心理,主要是要更新观念,打破传统的事事求稳、求顺的思想,树立市场竞争的新观念。

3. 自卑心理

一些大学生过低估计自己的能力和水平,形成较低的自我认知。他们有的缺乏自信,过于拘谨,缩手缩脚,优柔寡断,不能向用人单位充分展示自我,求职的知识、能力、心理准备不充分,从而错失良机;有的学生因为学历、成绩、能力、性格等方面的某些缺陷和不足,而丧失勇气,悲观失望,觉得自己事事不如他人,不敢参与人才市场竞争。在求职屡遭挫折后,产生了恐惧感,一提择业就心理紧张甚至产生绝望的心理。

4. 嫉妒心理

所谓嫉妒是指在就业过程中对他人的成就、特长或优越的地位既羡慕又敌视的情感。这种情感的内化就是嫉妒心。这种心理的主要特征是把别人的优越之处视为对自己的威胁,因而感到心理不平衡,甚至是恐惧和愤怒,于是借助贬低、诽谤以致报复的手段来求得心理的补偿或摆脱恐惧和愤怒的困扰。实际上这是一种变态的心理满足方式。克服这种心理主要靠加强自身修养,提高道德水平。其中最重要的是做到两点:一是要真诚待人;其二是要学会爱人。有了这种精神境界就能设身处地地为别人着想,就不会产生嫉妒心理。

在以上几种心理的交互作用中,大学生基层就业的心理问题还会有多种方式的表现,如抑郁、怯懦、冷漠以及对抗、报复、迁怒于人,拒绝交往或进行不良交往,过度消费、嗜烟、嗜酒等问题行为,更有甚者还会感受到头痛、头昏、血压不正常、消化紊乱、背痛、肌肉酸痛、口干、心慌、尿频、饮食障碍或睡眠障碍等躯体化症状。严重影响大学生的身心健康,成为大学生就业的阻力。从以上种种反应可以看出,大学生在求职择业中产生的这些心理问题,具有适应性心理问题的特征。主要是因大学生面对求职环境应对不良而引起的,只要大学生主动适应就业环境,各方面引导得法,这些心理问题会随着时间的推移而逐渐消除,大多数不会形成心理疾患。

三、大学生择业心理问题的自我调适

(一) 增强心理健康意识,提高自我调适的自觉性

人的心理活动总是处于由不平衡—平衡—新的不平衡—新的平衡的螺旋式发展过程。人的根本特点就在于能够通过自我调节与控制,去改善自己的心境,寻求最佳途径实现自己的目标。面临毕业,大学生自然会考虑到社会给自己提供了哪些职业位置,有多少选择的机会与可能。同时也会想到如何认识自己,调整自己,

使个人能做出最佳选择并尽快适应职业活动。前者属于社会问题，在很大程度上不以个人意志为转移，后者则是心理问题，属于个人可掌握的部分。认识环境、了解掌握自己、立足于通过自身的努力使自己保持一种良好的心态，才是最积极可行的途径。

（二）掌握心理调节方法，适时进行自我调适

自我心理调适，就是自己根据自身发展及环境的需要对自己的心理进行控制调节，从而最大限度地发挥人的潜力，维护心理平衡，消除心理障碍。大学生在择业就业过程中，可根据自己的心态有选择地使用各种自我调节方法。

1. 自我转化法

有些时候，不良情绪是不易控制的。这时，可以采取迂回的办法，把自己的情感和精力转移到其他活动中去。如学习一种新知识技能，参加有兴趣的活动，利用假日郊游，接受大自然的熏陶等等，使自己没有时间和可能沉浸在不良情绪中，以求得心理平衡，保护自己。

2. 自我适度宣泄法

因挫折造成焦虑和紧张时，消除不良情绪最简单的方法莫过于“宣泄”。切忌把不良心情强压心底，忧虑隐藏得越久，受到的伤害就越大。较妥善的办法是向朋友、老师倾诉，一吐为快，甚至也可以在亲友面前痛哭一场，求得安慰、疏导、同情，虽然古语说男儿有泪不轻弹；但必要时男儿弹泪也无可厚非。也可以去打球、爬山，参加大运动量的活动，宣泄情绪。但是，宣泄一定要注意场合、身份、气氛，注意适度，应是无破坏性的。

3. 松弛练习法

松弛练习法也叫放松练习，是一种通过练习学会在心理上和躯体上放松的方法。放松训练可帮助人们减轻或消除各种不良的身心反应。如焦虑、恐惧、紧张、心理冲突、入睡困难、血压增高、头痛等症状，且见效迅速。大学生择业中如遇类似心理反应，可在有关人员指导下尝试进行放松练习。

4. 理性情绪法

理性情绪法认为，人有理性与非理性两种信念，在这些信念指引下的认识方式会左右人的情绪。人的不良情绪的产生根源来自人的非理性观念，反之亦然。要消除人的不良情绪，就要设法将非理性观念转化为理性观念。例如有的学生择业中受了挫折便消沉苦闷或怨天尤人，其原因在于他原本认为“大学生就业应当是顺利的”，“我的择业应该很理想”，“我过去事事顺利，这次也不应例外”，等等。正是这些观念作怪，才导致或加剧了他的不良情绪。如果将这些想法加以纠正，改变为“大学生就业不是一帆风顺的”、“大学生就业的过程是曲折的”、“我有足够的自信

和坚强的意志”等,则不良情绪一定能得到克服。

当然,自我调适的方法还有很多,如自我重塑法、环境调节法、广交朋友法、自我暗示法、幽默疗法等。这些都是应变的一些方法,但最主要的还是要树立远大的理想,树立正确的人生观、价值观,平时就注意培养良好的品质、磨炼坚强的意志,开放各种感官接触社会,多方面体验生活,培养乐观豁达的生活态度。

(三) 寻求必要的社会关心和心理咨询帮助

人的心理出现矛盾,特别是出现较大的心理负担和压力之后,内心冲突激烈,自我调节难以奏效,很难转变心理认知时,外来力量的帮助就显得非常重要。这时,大学生就应该及时主动地寻求外来的帮助。如要积极、主动地参与高校开展的大学生择业与就业方面的心理辅导。大学生可根据自己的实际需求,选择不同类型的心理辅导。同时,如有个别问题自身难以解决时,还可求助于专业的心理咨询机构。

教学互动

★ 价值拍卖

目的:澄清工作价值观。

准备:拍卖单(如表 11-1)和工作价值单(如表 11-2),拍卖锤子。

操作:领导者发给成员“拍卖项目单”,并说明规则:每个人手上有十万元,每件东西最低价为一千元,每次加价,不得低于一千元,并举例示范。填写“工作价值衡量表”,成员根据兴趣、人格特质及工作价值等内容,写下四种最想从事的工作,并评价其工作价值。帮助成员整理出最想从事的工作及未来可能有的生活形态。

表 11-1 拍卖单

项目	顺序	估计价格	竞标人	成交价格
学到一技之长(专业地位、成就)				
做一个有名的人(名声)				
指挥 100 人的老板(领导)				
环游世界(休闲)				
书、录音带(知识)				
帮助残障的人(社会服务)				
身心健康(健康)				
拥有早出晚归的工作(生活形态)				
拥有相处和谐的工作伙伴(人际)				
与你喜欢的人朝夕相处(情感)				

表 11-2　工作价值单

吸引你的原因		重要性	我未来想从事的职业			
			1	2	3	4
工作报酬	社会地位	3 2 1				
	权力	3 2 1				
	待遇好	3 2 1				
	福利制度健全	3 2 1				
	升迁快	3 2 1				
工作内容	工作内容少，压力轻	3 2 1				
	富于变化	3 2 1				
	挑战性	3 2 1				
	有创造机会	3 2 1				
	能独立作业	3 2 1				
	社会服务	3 2 1				
	领导性	3 2 1				
	流动性	3 2 1				
	常需进修	3 2 1				
工作环境	室内	3 2 1				
	室外	3 2 1				
	跟人接触	3 2 1				
	跟机器接触	3 2 1				
	舒适	3 2 1				
休闲时间	工作时间不固定	3 2 1				
	工作时间正常	3 2 1				
人际关系	工作伙伴相处融洽	3 2 1				
	与领导相处融洽	3 2 1				
工作地点	离家较近	3 2 1				
	离家较远	3 2 1				

心理测试

★ 心理适应性测试

本测试共20道题，每题均给出A、B、C、D、E五个备选答案，请你从中选择一项最适合你的答案。

1. 假如把每次考试的卷子拿到一个安静、无人监考的房间去做，我的成绩会更好一些。

A. 很对　B. 对　C. 无所谓　D. 不对　E. 很不对

2. 夜间走路，我能比别人看得更清楚。

A. 是　B. 好像是　C. 不知道　D. 好像不是　E. 不是

3. 每次离开家到一个新的地方，我总爱闹毛病，如失眠、拉肚子、皮肤过敏等。

A. 完全对　B. 有些对　C. 不知道　D. 不太对　E. 不对

4. 我在正式运动会上取得的成绩常比体育课或平时练习的成绩好些。

A. 是　B. 好像是　C. 说不准　D. 好像不是　E. 正相反

5. 我每次明明已把课文背得滚瓜烂熟了，可是在课堂上的时候，却总是出差错。

A. 经常如此　B. 有时　C. 说不准　D. 很少这样　E. 没有这种情况

6. 开会轮到我发言时，我似乎比别人更镇定，发言也显得很自然。

A. 对　B. 有些对　C. 不知道　D. 不太对　E. 正相反

7. 在冬天我比别人更怕冷，夏天比别人更怕热。

A. 是　B. 好像是　C. 不知道　D. 好像不是　E. 不是

8. 在嘈杂、混乱的环境里，我仍能集中精力学习、工作，效率并不大幅度降低。

A. 对　B. 略对　C. 说不准　D. 有些不对　E. 正相反

9. 每次检查身体，医生都说我“心跳过速”，其实我平时脉搏很正常。

A. 对　B. 有时是　C. 时有时无　D. 很少有　E. 根本没有

10. 如果需要的话，我可熬一个通宵，第二天仍然精力充沛地学习或工作。

A. 完全同意　B. 有些同意　C. 无所谓　D. 略不同意　E. 不同意

11. 当父母或兄弟姐妹的朋友来我家做客的时候，我尽量回避他们。

A. 是　B. 有时是　C. 时有时无　D. 很少有　E. 完全不是

12. 出门在外，虽然吃饭、睡觉、环境等变化很大，可是我很快就能习惯。

A. 是　B. 有时是　C. 是与否之间　D. 很少有　E. 完全不是

13. 参加各种比赛时，赛场上气氛越热烈，观众越加油，我的成绩反而越上不去。

A. 是　B. 有时是　C. 是与否之间　D. 很少有　E. 不是

14. 上课回答问题或开会发言时，我能镇定自若地把事先想好的一切都完整地说出来。

A. 对　B. 略对　C. 对与不对之间　D. 略不对　E. 不对

15. 我觉得一个人做事比大家一起干效率高些，所以我愿意一个人做事。

A. 是　B. 好像是　C. 是与否之间　D. 好像不是　E. 不是

16. 为求得和睦相处，我有时放弃自己的意见，附和大家。

A. 是　B. 有时是　C. 是与否之间　D. 很少　E. 完全不是

17. 在众人和生人的面前，我感到窘迫。

A. 是　B. 有时是　C. 是与否之间　D. 很少是　E. 不是

18. 无论情况多么紧迫，我都能注意到该注意的细节，不会丢三落四。

A. 对　B. 略对　C. 对与不对之间　D. 略不对　E. 不对

19. 和别人争吵起来时，我常常哑口无言，事后才想起来该怎样反驳对方，可是已经晚了。

A. 是　B. 有时是　C. 是与否之间　D. 很少有　E. 不是

20. 我每次参加正式考试或考核的成绩，常常比平时的成绩更好些。

A. 是　B. 有时是　C. 是与否之间　D. 很少有　E. 不是

评分方法：

1. 凡是单号，从A到E这5种回答依次记分为1、2、3、4、5分，即：很对(1分)，对(2分)，无所谓(3分)，不对(4分)，很不对(5分)。

2. 凡是双号，从A到E这5种回答依次记分为5、4、3、2、1分，即：很对(5分)，对(4分)，无所谓(3分)，不对(2分)，很不对(1分)。

结果解释：

1. 81～100分：适应性很强。
2. 61～80分：适应性较强。
3. 41～60分：适应性一般。
4. 21～40分：适应性较差。
5. 0～20分：适应性很差。

自测后提醒或建议：此问卷仅作为了解自己使用，如有疑问，请咨询专业人员。

参考文献

[1] 黄希庭. 大学生心理健康教育[M]. 上海:华东师范大学出版社,2004.
[2] 刘新民. 大学生心理健康的维护与调适[M]. 合肥:中国科学技术大学出版社,2009.
[3] 郑日昌. 大学生心理健康:自主与自助手册[M]. 北京:高等教育出版社,2007.
[4] 樊富珉. 团体咨询的理论与实践[M]. 北京:清华大学出版社,2004.
[5] 崔丽娟,等. 心理学是什么[M]. 北京:北京大学出版社,2003.
[6] 姚本先. 学校心理健康教育新论[M]. 北京:高等教育出版社,2009.
[7] 郑日昌. 大学生心理诊断[M]. 济南:山东教育出版社,2001.
[8] 刘华山. 学校心理辅导[M]. 合肥:安徽人民出版社,2001.
[9] 金树人. 生涯咨商与辅导[M]. 台北:华东书局,2000.
[10] 姚本先. 咨询心理学导论[M]. 北京:中国科学技术出版社,2005.
[11] 鲁克成. 打造你的心理优势[M]. 北京:科学出版社,2006.
[12] 孔燕. 大学生心理健康教育[M]. 合肥:安徽人民出版社,1998.
[13] 马建青. 大学生心理卫生[M]. 杭州:浙江大学出版社,1999.
[14] 贺淑曼. 大学生心理优化辅导[M]. 北京:高等教育出版社,2005.
[15] 胡德辉,等. 大学生心理与辅导[M]. 广州:中山大学出版社,2002.
[16] 易久发. 成功一定有方法[M]. 北京:世界知识出版社,2001.
[17] 张淑华. 课堂教学中的心理学[M]. 北京:教育科学出版社,1997.
[18] 杨雁斌. 创新思维法[M]. 上海:华东理工大学出版社,1999.
[19] 张国忠. 速成记忆术[M]. 延边:延边大学出版社,1988.
[20] 涂道坤,等. 心态决定一切[M]. 长春:吉林摄影出版社,2002.
[21] 武俊平. 心理自助餐[M]. 呼和浩特:内蒙古人民出版社,2003.
[22] 陈明忠. 大学生心理健康教育概论[M]. 北京:中国环境科学出版社,1997.
[23] 韩永昌. 心理学[M]. 上海:华东师范大学出版社,2001.
[24] 叶奕乾,等. 心理学[M]. 上海:华东师范大学出版社,2003.
[25] 李越,等. 心理学教程[M]. 北京:高等教育出版社,2003.
[26] 沈之. 生涯心理辅导[M]. 上海:上海教育出版社,2000.
[27] 林清文. 大学生生涯辅导与规划手册[M]. 台北:心理出版社,2000.
[28] 顾雪英. 大学生职业指导[M]. 北京:人民教育出版社,2005.
[29] 陶国富. 大学生挫折心理[M]. 上海:立信会计出版社,2006.
[30] 车丽萍. 自信心及其培养[M]. 北京:新华出版社,2004.
[31] 张梅. 心理训练[M]. 武汉:华中理工大学出版社,2005.
[32] 弗洛姆. 爱的艺术[M]. 北京:光明日报出版社,2006.
[33] 陶国富. 大学生交往心理[M]. 上海:华东理工大学出版社,2003.

[34] 宁维卫.开掘心智的金矿[M].成都:西南交通大学出版社,2005.
[35] 蔺桂瑞.心理困扰自解[M].北京:高等教育出版社,2005.
[36] 徐岫茹,等.开心是一种能力[M].北京:新世界出版社,2002.
[37] 颜世富.成功心理训练[M].上海:上海三联书店,2002.
[38] 张再生.职业生涯开发与管理[M].天津:南开大学出版社,2002.
[39] 张玲.心理健康研究与指导[M].北京:教育科学出版社,2001.
[40] 崔文风,等.心理与人生[M].北京:中国物资出版社,2001.
[41] 宋专茂.心理健康测量[M].广州:暨南大学出版社,1999.
[42] 吴武典.学校心理辅导原理[M].广州:世界图书出版公司,2003.
[43] 于鲁文.心理咨询导论[M].北京:清华大学出版社,2000.